植物对二氧化硫胁迫的反应与应答机制

李利红 著

中国农业出版社
农村读物出版社
北 京

目　录

第一章 概　　论

一、二氧化硫（SO₂）污染及其对植物的危害

（一）SO₂ 污染现状

随着近代工业的发展，工业生产造成的环境污染也日趋严重。二氧化硫（SO_2）是目前最主要的大气污染物之一。20 世纪在世界范围内发生的八大公害事件中，有四起（1930 年的比利时马斯河谷烟雾事件，1948 年的美国宾夕法尼亚州多诺拉烟雾事件，1952 年的伦敦烟雾事件，1961 年的日本四日市哮喘事件）是直接由 SO_2 污染引起的。中国是燃煤大国，SO_2 的大量排放使城市的空气污染不断加重，大气中 SO_2 超标的城市不断增多。2005 年，全国 SO_2 排放量为 2 549 万 t，经过近十年的减排，到 2014 年排放量已降至 1 974 万 t，但仍高于环境容量（600 多万 t）。空气中大量的 SO_2 与雾霾的形成有极大关系。雾霾是指由各种源排放的包括 SO_2、氮氧化物等在内的污染物，在特定的大气流场条件下，经过一系列物理化学变化，形成的细粒子，与水汽相互作用导致的大气消光现象。空气中 PM2.5（直径$\leqslant 2.5 \mu m$ 的颗粒物）浓度的增加是导致雾霾的最重要因素，而无论对 PM2.5 中的一次颗粒物还是二次颗粒物的形成，SO_2 都起着极其重要的作用。

SO_2 是一种无色、具有刺激性气味的大气污染物，属中等毒性物质，别名为亚硫酸酐。天然来源主要是来自海洋的硫酸盐烟雾、火山爆发以及森林火灾所释放的硫化物等；而由人类活动产生的 SO_2，主要来源于含硫燃料的燃烧。据估测，大气中的 SO_2 有 70% 来源于工业燃煤，12% 来源于工业燃油，其余则来源于生活燃煤等。SO_2 经呼吸道吸入后主要被鼻腔和上呼吸道表面湿润的黏膜

吸收，在气管、肺门淋巴结和食道中吸收率最高，对咽和呼吸道有强烈的刺激作用，可导致多种疾病，如上呼吸道炎症、慢性支气管炎、支气管哮喘、肺气肿等，甚至引发肺癌。SO_2 对人类健康的危害已逐渐被人们重视。

SO_2 污染的重要危害之一是形成酸雨。进入大气中的 SO_2 在大气颗粒物中的 Fe^{2+} 和 Mn^{2+} 等金属离子的催化下可氧化形成三氧化硫（SO_3），溶解于大气降水中，使降水呈酸性，形成酸雨。现在"酸雨"泛指酸性物质以湿沉降（雨、雪）或干沉降（酸性颗粒物）的形式从大气转移到地面上。酸雨被认为是"空中死神"，已成为重要的国际环境问题。中国现在已是仅次于欧洲和北美的第三大酸雨区，主要分布地区是长江以南的四川盆地、贵州、湖南、湖北、江西，以及沿海的福建、广东等省份。水体酸化会改变水生生态，而土壤酸化会使土壤贫瘠化，导致陆地生态系统的退化，造成我国粮食、蔬菜和水果减产，甚至整块农田绝收。SO_2 污染的危害还表现为硫酸烟雾的形成。SO_2、大气颗粒物以及由 SO_2 氧化所形成的硫酸盐颗粒物，以气溶胶状态存在于空气中，造成硫酸烟雾污染。

大气 SO_2 污染对地球生物圈的影响大致有以下七个方面：湖泊、河流等水系酸化；使水生和陆生的生物种群结构改变，生物多样性减少，影响生态系统的结构和功能；抑制硝化细菌、固氮菌等的活动，使有机物的分解、固氮过程减弱，导致土壤肥力下降；影响植物的光合作用和呼吸作用，降低植物的生产力；使土壤酸化；腐蚀建筑物表面；对人体健康造成危害。

（二）SO_2 对植物的毒理作用

SO_2 通过植物气孔进入叶片内，溶于细胞液生成 H_2SO_3，再离解成亚硫酸氢根离子（HSO_3^-）和亚硫酸根离子（SO_3^{2-}），同时产生氢离子（H^+）。H^+ 降低细胞的 pH，影响酶的催化活性，干扰代谢过程。SO_3^{2-} 破坏半胱氨酸形成的二硫键，从而导致蛋白质和酶高级结构的瓦解，失去功能和活性。此外，SO_3^{2-} 在光照下由

叶绿体产生的 O_2^- 氧化为 SO_4^{2-}，其间产生大量活性氧（reactive oxygen species，ROS），如超氧阴离子（O_2^-）、羟基自由基（·OH）、单线态氧（$^1O_2$）、过氧化氢（H_2O_2）等，它们具有高度的活性和极强的氧化反应能力，对细胞有毒害作用。

在正常条件下，植物细胞中 ROS 水平较低，但环境胁迫作用于植株可导致过量 ROS 产生，对细胞造成氧化损伤。O_2^- 可使一些含金属的酶类失活，或产生羟自由基，引发磷脂的过氧化，SO_2 引起 pH 的下降还会加强 O_2^- 对脂质的过氧化。H_2O_2 通过铁氧还蛋白-硫氧还蛋白系统氧化蛋白的巯基，抑制酶活性。活性氧还会破坏核酸结构，攻击核酸碱基，导致 DNA 损伤和基因突变，阻断 DNA 复制和转录。此外，H_2O_2 能够通过 Haber-weiss 反应产生更活跃、毒性更强的 ·OH，从而导致膜脂过氧化、碱基突变、DNA 链的断裂和蛋白质的损伤。·OH 还可以攻击蛋白质的氨基酸残基，尤其是 His、Tyr、Phe、Trp、Met 和 Cys，含有这些残基的酶活性常遭到 ·OH 破坏。

1. SO_2 对植物的伤害

SO_2 进入植物体后，首先从气孔周围的细胞逐渐扩散到海绵组织，再到栅栏组织，破坏叶绿体，以致叶表面褪色，组织脱水，叶组织死亡。其伤害症状随植物的种类、生理状况及 SO_2 浓度等而改变，与气体的浓度和污染延续的时间成正比。总的来说，草本植物比木本植物敏感，木本植物中针叶树比阔叶树敏感，阔叶树中落叶的比常绿的敏感，生理功能旺盛的新展开叶对 SO_2 的伤害最为敏感，刚刚吐露的幼叶和生理活动衰退的老叶受害轻。植物受 SO_2 伤害后的主要症状为：叶背面出现暗绿色水渍斑，叶片失去原有光泽，常伴有水渗出；叶片萎蔫；有明显失绿斑，呈灰绿色；失水干枯，出现坏死斑。

2. SO_2 对植物光合作用和呼吸作用的影响

SO_2 暴露能使植物的光合作用强度降低、呼吸作用增强，导致干物质减少，产量降低。通常情况下，SO_2 促使植物气孔关闭，SO_2 浓度越大，暴露时间越长，气孔所受影响越大。在气孔部分关闭或全部关闭后，阻止或减少了 CO_2 进入植物体内的量，而导致植物光合作用速率降低。SO_2 通过引起气孔关闭、减少叶片面积、改变色素含量和性质、改变光系统和电子传递链的正常传递等途径，影响光合作用强度。植物抗 SO_2 能力越强，SO_2 对光合作用的抑制作用越小。SO_2 对植物呼吸作用的影响较为复杂，与 SO_2 浓度、熏气时间、植物抗性及其环境条件有关，条件不同，植物的反应亦不同。

3. SO_2 对植物蛋白质及酶活性的影响

多数研究表明，SO_2 熏气一般使植物的蛋白质含量降低，自由氨基酸总体含量增加。

SO_2 对植物许多酶系统产生影响，导致酶活性发生变化。低浓度的 SO_2 能使云杉幼苗的蔗糖磷酸合成酶活性明显降低，以致蔗糖含量下降。SO_2 对植物体内的核酮糖双磷酸（RuBP）和 PEP 酶有明显的抑制作用，抑制 CO_2 的固定，直接影响光合作用。SO_2 可诱导大豆叶片过氧化物酶（POD）活性随 SO_2 剂量增加而持续提高，而且暴露时间越长，酶的活性越高。进一步研究表明，SO_2 对 POD 同工酶有明显影响，大豆经高浓度 SO_2 处理后，酶带数目减少，同工酶活性发生变化。白杨经低浓度 SO_2 熏气后，叶片超氧化物歧化酶（SOD）活性增加，同时对 SO_2 的忍耐性明显提高。

4. SO_2 对植物生殖和细胞分裂的影响

低浓度 SO_2 长期处理小麦孕穗期和扬花期植株（其中以扬花期最为敏感），可使相当数量的花粉退化解体，抑制花粉在柱头组织上的萌发和花粉管的延长，形成许多异型花粉，导致授粉机会减少，空瘪粒增多，造成减产。仪慧兰等研究了 SO_2 体内衍生物对蚕豆幼苗生长和细胞分裂的影响，结果表明：SO_2 衍生物对幼苗生长的抑制作用具有剂量效应和时间效应关系，短时间处理效应不明显，处理 48h 后蚕豆幼根生长受抑制，168h 后幼苗地上部分长度（芽长）表现为生长抑制，根长和芽长与处理浓度间呈负线性相关。SO_2 衍生物处理 12～36h，导致根尖细胞分裂指数下降，根尖前期细胞数目减少，间期、后期和末期细胞数目增多，表明 SO_2 衍生物能够阻止细胞进入分裂期，延长分裂过程。

5. SO_2 对植物细胞遗传物质的影响

通过研究 SO_2（$14mg/m^3$、$35mg/m^3$、$84mg/m^3$）染毒对大蒜幼根细胞的遗传损伤效应发现：大蒜幼苗短时间暴露于高浓度 SO_2 环境中，或者长时间生长在低浓度 SO_2 环境中，均可导致根尖细胞微核和双核频率明显增高，并引起根尖部分细胞核固缩。SO_2 的上述效应具有明显的时间-效应关系，细胞中的微核、双核及核固缩率与 SO_2 浓度间呈线性相关。高浓度 SO_2 及其水合物 $NaHSO_3$-Na_2SO_3 处理导致蚕豆、大麦根尖中的微核细胞明显增加，部分细胞核发生固缩，出现多种染色体异常，也诱导了细胞中一系列与逆境适应相关基因的表达。

SO_2 对植物的影响可以概括为以下几个方面：①刺激气孔不正常地开放或关闭，影响正常的生理机能。②植物的新陈代谢受干扰，呼吸作用加快。③影响细胞中蛋白质和其他组分的含量。④多数植物的可溶性糖分含量减少。⑤影响光合作用和叶绿素。⑥影响植物生殖。⑦影响细胞内酶的活性。⑧影响相关基因的表达。

二、植物对逆境胁迫的响应

逆境胁迫发生时，防御基因会诱导性表达，导致植物体内相关代谢途径改变，使植株对逆境胁迫做出最合理的适应性调整。从全基因组水平研究植物对逆境胁迫的抗性机制已经成为逆境生物学研究中的重要课题。基因芯片技术具有高通量、微型化和自动化等特点，能够从整个转录水平入手，同步平行分析大量基因并进行信息筛选，全面揭示逆境胁迫下整个基因组水平的表达情况，从而获取基因表达谱，构建逆境条件下基因组转录调控网络。在拟南芥、水稻等模式植物中已利用基因芯片技术进行了干旱、高盐和低温等胁迫响应相关的基因表达谱分析，鉴定了大量的胁迫应答基因并提供了其在胁迫条件下的表达模式信息。胁迫诱导的基因表达产物，可以分为功能蛋白和调控分子，前者直接参与逆境胁迫应答，具有快速调节植株适应性的能力，后者通过信号转导过程诱导植株产生长期适应能力。

植物对逆境胁迫的应答反应是涉及众多信号途径的复杂过程。近年来研究发现，ROS 作为胞内第二信使，可调控植物生长发育、细胞周期，以及细胞程序化死亡、激素的信号转导，诱导防御基因表达和产生适应反应等。H_2O_2 存在的寿命较长，具有较高的跨膜通透性并能在植物细胞间迅速扩散，外界刺激能迅速地诱导其合成和分解，符合胞间信号应具有的重要标准，已是一种被广泛重视的信号转导分子，在许多生理生化过程和基因转录方面有着非常重要的作用。许多环境胁迫（如干旱、盐、碱等）可导致保卫细胞内 H_2O_2 的积累，进而促进气孔关闭。H_2O_2 还可介导植物对各种环境刺激的反应，诱导与逆境适应相关的防御酶基因的表达，如谷胱甘肽-S-转移酶（GST）和谷胱甘肽过氧化物酶（GPX）等。植物激素作为信号分子，对于调节植物的生长发育过程和环境应答也具有十分重要的意义。植物可以从调节激素的生物合成和信号转导途径的活化状态两个方面调节其信号分子的功能。

表观遗传调控在逆境胁迫基因网络中起到重要的作用。逆境胁迫诱导植物 DNA 甲基化状态改变，不仅参与基因转录调控，而且还可通过重新定位转座子等可动 DNA 改变染色体结构，引起染色质重塑。高盐处理可以导致水稻 DNA 甲基化状态的改变，盐胁迫诱导玉米 ABA 负调控因子 *ZmPP2C* 内含子区甲基化水平提高，致使其表达量显著下调；而诱导参与活性氧代谢的 *ZmGST* 去甲基化，使得其表达水平增加。这些研究表明，逆境胁迫通过改变表观遗传修饰状态调控基因表达和植物生长发育，从而应对逆境胁迫。

在植物对逆境胁迫的响应过程中，基因表达受到转录水平、转录后水平及翻译水平的调控。其中，转录后水平的调控在植物胁迫应答基因的转录调节中较为普遍，miRNA 在这一过程中起重要作用，植物可以通过诱导或抑制一些 miRNA 的表达来调节相关基因的表达水平，使植物适应不同的逆境胁迫（郭韬等，2011）。

miRNA 可以通过靶 mRNA 切割或翻译抑制，从转录后水平对其靶基因的表达进行负调控，从而使得植物抵御逆境胁迫（Kantar et al.，2011）。一个 miRNA 可以调控数以百计的靶基因，调控的靶基因的多样性决定了其参与的生物过程的广泛性。植物 miRNA 靶基因的功能涉及植物生命活动的各个方面，如生长与发育过程的细胞分裂、分生组织分化、器官分化和极性发育等。除此之外，许多实验证据表明 miRNA 在植物与环境间的相互作用过程中有着十分广泛和深远的作用。

（一）基因芯片技术

基因的时空差异表达是植物发育、分化、衰老和抗逆等生命现象的分子基础。在不同组织、不同器官以及不同环境条件下的基因差异表达特征为研究基因功能提供了重要信息。经典的抑制性减法杂交、差示筛选、cDNA 代表性差异分析等技术已被广泛用于鉴定和克隆差异表达的基因，但是这些技术不能胜任对大量的植物基因进行全面、系统的分析，于是 cDNA 微阵列、基因芯片等能够大规模、高通量地分析基因差异表达的技术应运而生。

美国 Affymetrix（昂飞）公司率先开展基因芯片技术的研究。1991 年，该公司生产了世界上第一块寡核苷酸基因芯片。1995 年，在美国 Stanford 大学诞生了第一块以玻璃为载体的基因微矩阵芯片，标志着基因芯片技术步入了广泛的研究和应用时期。

1. 基因芯片的概述

基因芯片（Gene chip）属于生物芯片中的一种，是微电子学、物理学、生化技术及生物学等众多学科交叉综合的高新技术，采用光导原位合成或点样的方法，将寡核苷酸或 cDNA 有序地固定于如玻璃片、硅片、尼龙膜等经过化学修饰的固相表面，形成致密、有序的 DNA 分子点阵，与放射性同位素或荧光物标记的待测样品的 cDNA 杂交，通过共聚焦激光扫描等特殊设备对杂交信号的强度进行定量分析，从而检测样品分子基因表达水平。

基因芯片几乎可用于所有核苷酸杂交技术的各个方面，其主要优点是：灵敏度高，mRNA 丰度低至十万分之一仍能被检测出；可以同时分析不同细胞中或不同环境胁迫下大量基因或整个基因组的表达差异，形成完整的基因表达谱，是一种有效的高通量检测技术。2003 年，人类基因组计划（human genome project，HGP）测序工作完成，基因芯片成为"后基因组时代"研究基因功能的重要技术之一。

基因芯片的原理并不复杂，但其类型却较为繁多。

①按载体材料分类：玻璃芯片、硅芯片、陶瓷芯片等。

②按点样方式分类：原位合成芯片、微矩阵芯片、电定位芯片。

③按 DNA 阵列的构建方式分类：光蚀刻法、电压印刷法和预先合成后点样。

④按基因探针分类：cDNA 微阵列和寡核苷酸微阵列。

⑤按芯片的使用功能分类：测序芯片、表达谱芯片、诊断芯片、基因差异表达分析芯片和指纹图谱芯片等。

2. 基因芯片技术的应用

（1）DNA 测序

DNA 测序是基因芯片技术最早的用途。芯片技术中杂交测序（sequencing by hybridization，SBH）技术及邻堆杂交（contiguous stacking hybridization，CSH）技术即是一种新的高效快速测序方法。SBH 技术的效率随着微阵列中寡核苷酸数量与长度的增加而提高，但同时也提高了微阵列的复杂性，杂交的准确性降低。CSH 技术增加了微阵列中寡核苷酸的有效长度，从而增强了测序的准确性，可对较长的 DNA 片段进行测序，该方法适用于不同基因组同源区序列的比较和含内部重复序列及较长 DNA 片段的序列测定。

（2）基因表达的分析

基因芯片最为主要的用途是平行检测数以千万计基因的转录水平，可以直观地反映生物体基因组中各基因间的相互关系，以及在不同状态和条件下基因的转录水平，从而通过基因组转录效率来获得差异表达的基因及其调控信息，为探索基因调控的机理提供了一条有效的途径。

（3）突变体和多态性的检测

Guo 等人利用结合在玻璃支持物上的等位基因特异性寡核苷酸（ASOs）微阵列建立了简单快速的基因多态性分析方法。Lipshutz 等采用含 18 495 个寡核苷酸探针的微阵列，对 HIV-1 基因组反转录酶基因及蛋白酶基因的高度多态性进行了筛选。将所有单核苷酸多态性（single nucleotide polymorphisms，SNP）的全部信息转入 DNA 芯片，则可检测到与之关联的基因间的差异，用来筛查基因组的多态性。

（4）疾病诊断

人类的疾病与遗传基因密切相关，基因芯片可以对遗传信息进行快速准确的分析，因此它在疾病的诊断中是一种新的、强有力的分子工具。利用基因芯片技术，不仅可以在 DNA 水平上寻找与疾病相关的内源及外源基因，而且还能在转录水平上检测致病基因的表达异常，因而在遗传病、感染性疾病、肿瘤等疾病的基因诊断中得到广泛应用。

（5）药物研究

由于人类基因组计划的带动，已经发现了一些疾病的致病基因，未来药物的开发将会直接从疾病的分子机制出发，针对病变的靶基因序列设计药物，以改变靶基因的表达情况来达到治疗该疾病的目的，这将会在大大提高治疗效果的同时最大限度地降低药物毒性。通过基因芯片技术可以将药物的生物效应和基因表达变化相联系，从而为药物的研究和开发注入了新的生机和活力。

（6）环境监测

在污染物的影响下，敏感生物个体细胞基因的表达会发生一定程度的变化，分析基因组 DNA 中的变化序列，然后筛选出 DNA 突变和多态性变化，寻找其与正常表达基因的差异，确定有毒物质对敏感生物基因水平上的影响。利用生物芯片检测出敏感生物的基因改变，从而可以反推出水体中存在的污染物。美国国立环境卫生研究院的 Barrett 等构建的名为 ToxChip 的 DNA 芯片，它可以同时检测有害化学物质对几千个不同基因表达的影响，该芯片被认为是毒理研究有力的工具。

（二）DNA 甲基化

表观遗传学（epigenetics）是指在 DNA 序列没有发生变异的情况下，基因表达发生改变，并可通过细胞的有丝分裂或减数分裂实现代间传递的现象，其修饰机制主要包括 DNA 甲基化、组蛋白修饰、染色质重塑、非编码 RNA 调控等。表观遗传学不仅对基因表达、调控、遗传有重要作用，而且在肿瘤、免疫等疾病的防治中亦具有十分重要的意义。进入后基因组时代，表观遗传学将成为阐明基因组功能的关键研究领域之一。

DNA 甲基化（DNA methylation）是表观遗传学主要的研究内容之一，在生物体细胞内形成 5-甲基胞嘧啶（m^5C），还有少量的 N^6-甲基腺嘌呤（m^6A）及 7-甲基鸟嘌呤（m^7G）。在真核生物中，DNA 甲基化主要是以 5-甲基胞嘧啶的形式存在。DNA 甲基化通过与反式因子相互作用或通过改变染色体结构而影响基因的表达，在基因组防御、发育调节、亲本印迹等方面发挥重要作用（Bender，2004）。

1. 植物 DNA 甲基化及其意义

DNA 甲基化是一种重要的表观遗传修饰形式，广泛存在于多种有机体中。在动物中，5-甲基胞嘧啶主要存在于 CpG 二核苷酸对，在 DNA 双链中呈对称分布。哺乳动物体细胞中有 2.5%～11.6% 的胞嘧啶被甲基化。与动物相比，植物具有更高水平的胞嘧啶甲基化。研究发现，植物中有 20%～30% 的核基因组 DNA 胞嘧啶处于甲基化状态，主要发生在 CpG 和 CpHpG（H 为 C、A 或 T）对称序列上，以及非对称的 CpHpH 位点。在拟南芥基因组中，24% CG、6.7% CHG 和 1.7% CHH 位点的胞嘧啶发生了甲基化。

植物 DNA 甲基化主要发生在核基因组中。近年来的研究表明，甲基化也出现在线粒体、叶绿体等细胞器的基因组中。此外，植物 DNA 甲基化分布还具有时空特异性。不同植物的 DNA 甲基化水平是不同的，同一物种不同发育时期及不同组织中甲基化水平的差异也比较大。例如在拟南芥中，植株顶端成熟叶片的 DNA 甲基化水平高于幼苗，而种子的 DNA 甲基化水平又高于成熟叶片；小麦种子萌发时伴随着 m^5C 含量的快速降低；在植物花粉发育过程中 DNA 发生了去甲基化。这说明在植物生长发育过程中甲基化水平会发生改变，而且不同的植物变化的趋势是不同的。总之，植物 DNA 有其独有的、复杂的基因组甲基化系统，通过甲基化模式的改变来调节基因表达，从而控制植物的生长发育。近年来的研究表明，逆境（如干旱、高温、盐等）对植物 DNA 的甲基化水平会造成影响，且许多受甲基化变化诱导的基因同胁迫应答有关，说明 DNA 甲基化参与了环境胁迫下的基因表达调控过程。

2. DNA 甲基化产生及其维持机制

（1）DNA 甲基转移酶

DNA 甲基化主要是指 DNA 复制以后，在 DNA 甲基转移酶作用下，将 S-腺苷甲硫氨酸（SAM）分子上的甲基转移到 DNA 分子中胞嘧啶残基的 5 位碳原子上，形成 5-甲基胞嘧啶（m^5C）。植物的胞嘧啶甲基转移酶根据其结构特征分为 3 个类型：甲基转移酶（MET）、植物域重排甲基转移酶（DRM）和染色质域甲基转移酶（CMT）。

甲基转移酶（MET）与哺乳动物 Dnmt1 类似，维持基因组中 CG 位点的甲基化。有关专家从拟南芥中分离出了第一个植物甲基转移酶基因 *MET1*。目前，已在胡萝卜、西红柿和玉米等多种植物中分离到 *MET1* 基因。植物中 CG 位点的甲基化修饰经常出现在异染色质区域，特别是靠近着丝粒的位置。当反义转基因或基因突变使拟南芥 MET1 功能受损时，CG 位点的甲基化大量减少，这些植株表现出很多的发育异常。

植物域重排甲基转移酶（DRM）与哺乳动物的 Dnmt3 同源，是一种从头甲基转移酶，能特异性地指导植物基因组的 CHG 和 CHH 位点发生甲基化。DRM 基因家族包括 *DRM1*、*DRM2* 和

Zmet3 三个成员。从拟南芥、大豆、烟草和玉米中分离出的 DRM 蛋白均含有泛素结合域，说明 DRM 具有蛋白质间相互作用的功能。在从头甲基化过程中，DRM 可能与其他蛋白形成复合体，与染色质结合，并定位于特异的 DNA 靶位点上。

染色质域甲基转移酶（CMT）是植物中特有的一类甲基转移酶，最初是从拟南芥基因组序列中鉴定得来的，这类酶在催化区Ⅰ和Ⅳ结构域中插入了一个与染色质结构有关的区域。CMT 特异性地维持 DNA 序列的甲基化，对于异染色质的甲基化有重要的作用。*cmt3* 突变体导致原初 CHG 位点甲基化降低，造成着丝粒区域重复序列 *Msp*Ⅰ 切割位点的增加。此外，CMT3 能在某些序列中起到从头甲基化的作用，DRM 介导的印记也需要 CMT3 的存在。

综上所述，植物体内 DNA 的每一轮复制过程中，MET1 主要负责保持原初 CG 位点的甲基化，CMT3 主要负责保持 CHG 位点的甲基化，CMT3、DRM1 和 DRM2 共同控制常染色质的反向重复序列区和分散的重复序列区非 CG 位点的 DNA 甲基化（夏晗等，2008）。此外，拟南芥 DDM1（Decrease in DNA Methylation 1）也是参与 DNA 甲基化过程的一个重要蛋白，是 SW12/SNF2 家族成员，具有转录共激活、转录共抑制、染色质凝聚或 DNA 修复的活性，可能通过与甲基化结合蛋白的相互作用使 MET1 易于接近作用位点（Zemach et al.，2005）。有研究表明，拟南芥的 *ddm1* 突变体会导致基因组整体甲基化水平降低，可见其对于维持基因组 DNA 甲基化的稳定起重要作用。

（2）DNA 甲基化产生及维持

植物发育过程中甲基化模式的变化可通过以下三种方式完成：DNA 甲基化的保持、DNA 从头甲基化和 DNA 去甲基化。

DNA 甲基化的保持是指在世代间复制甲基化模式的过程。最简单的机制就是维持甲基化的 DNA 甲基转移酶，按照模板的甲基化模式，通过半保留复制方式将亲代的甲基化模式遗传给子代。例如，拟南芥亲本印记就需要在许多世代间持续维持甲基化（Jullien et al.，2006）。但事实上，维持甲基化并非如此简单。维持甲基化的 DNA 甲基转移酶，只是保证这个过程部分的稳定性，可能还存在其他未知成分参与这个过程的维持。不对称位点的甲基化通常在对应链上缺少甲基化的胞嘧啶，因此在细胞分裂过程中，细胞不能利用半甲基化的模板进行复制，而需要另外的激活信号刺激来完成复制过程。最好的激活信号就是由甲基化的序列产生的干扰小 RNA（siRNAs）。

DNA 从头甲基化（de novo methylation）是对 DNA 上甲基化状态的重新构建，它不依赖 DNA 复制，是在完全无甲基化的位点上引入甲基。大量研究表明，DNA 甲基化可以被小 RNA 所介导，称为 RNA 依赖的 DNA 甲基化（RNA-directed DNA methylation，RdDM）。在细胞核内，单链 RNA 在 RNA 依赖的 RNA 聚合酶（RDR2）或 DNA 依赖的 RNA 聚合酶作用下形成双链 RNA，然后在 Dicer-like 家族的酶，如 DCL3 的作用下被加工成小的 RNA 信号分子，然后作用于甲基转移酶引起 DNA 不同序列位点的甲基化。这种甲基化不仅发生在 CG 位点，而且在 CHG 位点和不对称位点也有，DNA 甲基化转移酶在这个过程中发挥重要的作用。甲基化建立后，还需要相应蛋白复合物的作用使甲基化状态得以维持。这些蛋白复合物中除了 DNA 甲基转移酶外，还包括组蛋白甲基转移酶以及异染色质结构相关蛋白和小 RNA 途径相关蛋白。

DNA 甲基化的可逆调节是由 DNA 去甲基化作用来完成的。植物中胞嘧啶甲基化的去除过程有主动和被动两种方式。主动去甲基化过程是由糖基化酶 DME（Demeter）和 ROSl（Repressor of silencing 1）作用来完成的（Kapoor et al.，2005）。DME 和 ROSl 都具有 5-甲基胞嘧啶 DNA 糖苷酶/裂解酶活性，以碱基切除方式进行修复。DNA 被动去甲基化是指在 DNA 复制过程中，维持型 DNA 甲基化酶被抑制或缺乏，胞嘧啶不能及时地加上甲基化，在不断地传代过程中，原有模板 DNA 上的甲基化被逐渐"稀释"的结果。DNA 去甲基化的机制，既可以是主动过程，也可以是被动过程，也有可能主动和被动过程共同存在。

3. DNA 甲基化的生物学功能

（1）DNA 甲基化与基因表达

大量研究表明，基因表达水平同 DNA 胞嘧啶甲基化程度之间呈负相关，超甲基化是异染色质和常染色质基因沉默的标志，而去甲基化则常常伴随着活跃的基因表达。完全甲基化的基因是不表达的，并且 $5'$ 区甲基化（包括启动子和部分转录区）和 $3'$ 区甲基化（包括部分转录区和 $3'$ 侧翼序列）都可以抑制特定基因的表达。然而，对于许多基因，其 $5'$ 启动子区的甲基化对基因表达的影响更显著。一般认为，植物启动子区甲基化通常抑制基因表达，但编码区甲基化对基因表达的影响不大。另外，一些实验也证明要达到基因沉默仅仅有甲基化的改变是不够的，还需要染色质的修饰。DNA 甲基化通过三种方式影响基因表达：一是直接影响，DNA 的甲基化直接干扰了特异性转录活化因子与启动子识别位点的结合，从而使转录无法正常进行，但这种方式不是抑制基因表达的主要方式；二是间接影响，通过在甲基化 DNA 上结合特异性蛋白质，如甲基胞嘧啶结合蛋白，这些蛋白质可以和转录因子竞争 DNA 甲基化的结合位点，导致转录的抑制；三是甲基化导致染色质结构的改变，从而抑制基因转录。在植物不同发育时期和不同环境条件下，DNA 甲基化有效调控基因的时空表达，实现其重要的表观遗传作用。

（2）DNA 甲基化与植物生长发育

DNA 甲基化在植物发育过程中具有重要作用。研究发现，DNA 去甲基化可导致植物的发育异常。用去甲基化试剂 5-杂氮胞苷（5-azaC）处理水稻种子和甘蓝幼苗后，植株表现出矮化、叶片变小等异常表型。将甲基转移酶反义基因 *MET1* 转入拟南芥，可引起转基因植株开花时间、生殖力以及叶和花的形态均发生改变。此外，拟南芥的 *fwa* 突变体植株出现开花延迟的异常现象，而 *FWA* 基因在野生植株中没有表达，保持沉默，这与 *FWA* 基因 $5'$ 区域两个重复基因序列胞嘧啶的甲基化直接相关，即在突变体中 *FWA* 基因发生去甲基化而使其异常表达，所以出现了晚开花表型。因此，在生物相对稳定的基因组内，某些基因的甲基化能够确保其正常表达，如果这种正常的 DNA 甲基化体系遭到破坏，就会导致基因表达异常，进而影响它们的表型。

DNA 甲基化影响植物生长发育的另一个表现是春化作用。用 5-azaC 处理未春化的拟南芥后，植株开花提前，而对春化作用不敏感的晚开花突变体却对 5-azaC 处理没有任何反应，说明去甲基化和低温对开花的诱导作用具有加成性。研究表明，低温胁迫诱导玉米幼苗基因组的甲基化水平降低，推测春化促进植物开花的基本原理在于低温降低了体内 DNA 甲基化水平，使诱导开花的重要基因或基因启动子去甲基化。

（3）DNA 甲基化与植物转基因沉默

转基因沉默（Transgene silencing），又称转基因失活，是指向生物体导入外源基因时，引起相应序列的内源或外源基因的表达被特异性抑制的一种基因调控现象。研究表明，转基因沉默现象与基因的 DNA 甲基化有关。当转基因烟草外源 Npt Ⅱ 基因被甲基化后，其表达水平大幅度下降，以致根本检测不出其活性；使用 5-azaC 处理后，NPT-Ⅱ酶活性得到恢复，转化组织的抗性增强。基因转录后沉默也与基因的甲基化有关，但不是在启动子区域，而是在编码区。编码区甲基化是由于转录产生的 RNA 指导与其同源的 DNA 进行重新甲基化，从而造成基因的转录后沉默。

（4）DNA 甲基化与基因组防御

在真核生物中，DNA 的甲基化对基因组的完整性是非常重要的。DNA 的甲基化可以抑制转座子和外源 DNA 的转录，降低由非等位基因之间的转座和重组导致的基因组破坏，还可防止 DNA 被内切酶切割。植物中的转座子是由重复序列组成的，通常在基因组中发生特异甲基化，且比细胞编码基因的甲基化水平要高。研究表明，植物转座子的甲基化状态决定其转座能力。在拟南芥甲基化缺失突变体中，沉默的转座子被重新激活转录。水稻内源反转座子 $Tos17$ 正常情况下是失活的，在组织培养过程中随胞嘧啶的去甲基化而被激活。因此，转座子通过自身的甲基化程度调节其活性，这也是真核生物防御外来遗传物质和维持基因组稳定性的重要机制之一。

（5）DNA 甲基化与植物抗逆性

胁迫条件下基因组表观遗传的稳定性（包括 DNA 甲基化状态和染色质结构的稳定性）是反映植物适应能力的一个重要标志。研究表明，环境胁迫下植物基因组 DNA 甲基化水平发生改变。生物胁迫如病原菌侵染常导致植物基因组甲基化水平提高，但与胁迫响应或抗性相关基因的甲基化水平则降低，这可能是因为甲基化整体水平的上升有利于病毒攻击时植物基因组维持稳定，而抗病基因甲基化水平降低则有利于加快重组而获得新的抗病基因，从而使植物获得长期的、永久性的抗性（彭海等，2009）。

植物基因组 DNA 甲基化对非生物胁迫的响应依赖于胁迫的类型。低温引起多种植物，如玉米、水稻、拟南芥等基因组的低甲基化（何艳霞等，2009）。对生长在中等渗透胁迫下的烟草细胞培养物进行甲基化分析发现，异染色质区的重复序列发生了甲基化增强，当去除胁迫条件后，超甲基化的 DNA 又可逆地发生去甲基化，恢复到原来的状态，说明烟草中催化胞嘧啶甲基化的体系是相当灵活的，从而确保植物在 DNA 水平上缓冲环境的变化。而植物 DNA 甲基化对重金属胁迫的反应较为复杂，虽然在镉、铬胁迫下的油菜与萝卜基因组发生了超甲基化，但镍、镉和铬胁迫又可使三叶草和大麻甲基化水平降低，即使是同一种重金属，如铬，不同植物也可能对它的反应完全不同，暗示了重金属胁迫与植物基因型间可能存在复杂的互作关系（Filek et al.，2008；杨金兰等，2007）。植物基因组 DNA 甲基化可迅速、动态地对胁迫作出反应，弥补了高度稳定的 DNA 序列对逆境响应的不足。

4. 植物 DNA 甲基化的研究方法

随着甲基化生物学功能研究的进展，用于检测 DNA 甲基化的方法也得到了相应的发展。目前已经报道了 10 多种检测基因组甲基化水平的方法，根据研究目的可将这些方法分为：基因组整体水平的甲基化检测、特异位点甲基化的检测和新甲基化位点的寻找。

根据研究所用处理方法大致可分为：基于甲基化敏感限制性内切酶酶切法和基于亚硫酸氢盐处理 DNA 法。

(1) 甲基化敏感扩增多态性（MSAP）

甲基化敏感扩增多态性（Methylation sensitive amplification polymorphism，MSAP）是目前研究植物基因组甲基化模式的可行、常用、最高效的方法之一。MSAP 是将扩增片段长度多态性（Amplified fragment length polymorphism，AFLP）技术和甲基敏感限制性内切酶结合起来，用对 CCGG 位点甲基化敏感性不同的 *Hpa* II 和 *Msp* I 代替 AFLP 分析中识别四碱基的内切酶 *Mse* I，分别与识别六碱基的 *Eco*RI 配对，对 CCGG 位点进行甲基化特异性扩增。*Hpa* II 和 *Msp* I 识别相同的四核苷酸位点 CCGG，但对甲基化的敏感程度不同：*Hpa* II 对内外侧胞嘧啶的甲基化均敏感，即不能酶切甲基化的 CCGG 位点，但对内外侧胞嘧啶的半甲基化不敏感，即能酶切半甲基化的 CCGG 位点；*Msp* I 对外侧胞嘧啶甲基化和半甲基化均敏感，即不能酶切外侧胞嘧啶甲基化的 CCGG 位点，但能酶切内侧胞嘧啶甲基化的 CCGG 位点。此外，由于绝大多数甲基化发生在内侧胞嘧啶，因此 *Hpa* II 比 *Msp* I 对甲基化敏感，可以用 *Msp* I 来鉴别 CCGG 位点的存在，用 *Hpa* II 来鉴别这些 CCGG 序列是否甲基化。自 1999 年 Xiong 等证明这种方法是一种可靠的检测植物 DNA 甲基化的方法以来，已有众多研究者采用这种方法取得了一系列的成果。

MSAP 的优点是技术简单、无需大型仪器、成本低、效率高，而且分析结果可以直接与基因序列联系起来，为研究基因表达与 DNA 甲基化的相互关系提供了一种十分有效的方法。不过 MSAP 在应用中也有明显的局限性：①由于使用了 4%～6%的测序胶，因此该方法只能有效检测分子量在 50～1 500bp 范围内的片段，分子量过大或过小的片段都无法显示。②由于使用了同裂酶 *Hpa* II 和 *Msp* I，该方法只能检测基因组中 CCGG 序列的甲基化情况，而 CCGG 序列仅仅是基因组中的很小一部分（1/256）。③由于所使用同裂酶的分辨能力有限，只能检测 CCGG 位点中的部分甲基化情况，对于某些甲基化情况是无法识别和检测的，造成检测结果偏低。

（2）甲基化敏感性限制性内切酶- PCR/Southern 法

甲基化敏感性限制性内切酶（methylation-sensitive restriction endonuclease，MSRE）- PCR/Southern 法用于特异性位点甲基化的检测。该方法利用甲基化敏感限制性内切酶对甲基化序列不切割的特性，将 DNA 酶切为不同大小的片段后再进行 Southern 或 PCR 扩增，来检测其甲基化状态。这是一种经典的甲基化研究方法，其优点是：相对简单，成本低廉，甲基化位点明确，实验结果易解释。缺点是：①DNA 甲基化不仅仅存在于 CCGG 序列中，因此非该序列中的胞嘧啶甲基化将被忽略。②只有检测与转录相关的关键性位点的甲基化状态时，该检测方法的结果才有意义。③相对而言，Southern 方法较复杂，且需要大量的样本。④存在着酶不完全消化引起的假阳性的问题。⑤不适用于混合样本。

（3）亚硫酸氢盐修饰后测序法（Bisulfite sequencing）

这是由 Frommer 等提出的研究 DNA 甲基化的方法。目前为止，此方法仍然是 DNA 甲基化检测的"金标准"，可以检测给定区域内每个胞嘧啶位点的甲基化水平。过程是：亚硫酸氢盐使 DNA 中未发生甲基化的胞嘧啶（C）脱氨基转变成尿嘧啶（U），而甲基化的胞嘧啶保持不变，PCR 扩增后，尿嘧啶（U）全部转化成胸腺嘧啶（T），对 PCR 产物进行测序并且与未经处理的序列比较，从而判断胞嘧啶位点的甲基化状态。此方法是一种可靠性及精确度很高的方法，能检测目的片段中每一个胞嘧啶位点的甲基化状态，但需要大量的克隆测序工作，过程较为烦琐，费用也比较高。

甲基化特异性的 PCR（methylation-specific PCR，MSP）是检测 DNA 甲基化水平的常用方法之一，是 Herman 等在亚硫酸氢盐处理的基础上结合 PCR 扩增技术建立起来的一种新方法。DNA 经亚硫酸氢盐处理后，未甲基化的胞嘧啶转变为尿嘧啶，而甲基化胞嘧啶保持不变。在 PCR 反应时，设计两套不同的引物对：一对引物序列结合处理后的甲基化 DNA 链，若用该对引物能扩增出片段，说明该检测位点发生了甲基化；另一对引物结合处理后的非甲基化 DNA 链，若用该对引物能扩增出片段，说明该检测位点没有甲基化。两对引物都具有很高的特异性，与未经处理的 DNA 序列无互补配对，由此检测待测序列中胞嘧啶位点的甲基化状态。MSP 是一种简便快速、灵敏度高的检测方法，不需要昂贵的测序试剂及同位素等。但是该方法存在不少缺点：①该方法的引物设计很重要，需包含两个或多个完全甲基化或非甲基化胞嘧啶位点，由此限制了 MSP 的使用。②这种方法只能作定性研究，即只能明确是否存在甲基化，不能作定量检测。③存在亚硫酸氢盐处理不完全导致的假阳性。④要预先知道待测片段 DNA 的序列。

（三）植物 miRNA 的特征及其功能

1. 植物 miRNA 的概念与特征

（1）miRNA 的概念

miRNA 是一类内源性的非编码单链小 RNA，21～24nt（其中21～23nt 的占大多数），由一段具有发夹环结构的长度为 70～80nt 的单链 RNA 前体（pre-miRNA）剪切后生成。miRNAs 通过与靶 mRNA 特异性的碱基配对引起靶 mRNA 的降解或者抑制其翻译，在转录后水平调控靶基因的表达，从而参与控制植物的发育、开花时序、新陈代谢、应激反应等重要生理过程（Shukla et al.，2008；郭韬等，2011）。

从 1993 年 Lee 等在研究线虫发育缺陷时发现了 lin-4miRNA 基因，到 2002 年第一个植物 miRNA 的发现，miRNA 引发了世界各国科学家的极大兴趣与高度重视。应用克隆和生物信息学软件预测等技术，已经在拟南芥、水稻、小麦、苔藓和烟草等植物中陆续发现了不同数量和类型的 miRNA（王海波等，2013）。随着生物信息学的应用以及后来高通量测序技术的应用，miRNA 家族成员迅猛增加。miRBase 是一个权威的用于登记和注释在动植物以及人类中发现和鉴定的 miRNA 的数据库（http：//www. mirbase. org/）。近几年，越来越多的植物 miRNA 被录入到 miRBase 数据库中。截至 2014 年 7 月，miRBase 中记录了 223 个物种的 35 828 个成熟的 miRNA，拟南芥和水稻等模式植物中被注释的数量已经非常多。

（2）植物 miRNA 的特征

①miRNA 基因以单拷贝、多拷贝或基因簇（cluster）的形式广泛存在于真核生物基因组中。

②miRNA 不具有开放阅读框架（ORF），本身不编码任何蛋白质。

③miRNA 具有序列保守性。拟南芥中 42 个 miRNA 家族广泛存在于水稻、玉米和高粱中。miR159/miR319 存在于 10 种不同的陆地植物中。miRNA 基因在进化上具有很强的保守性，使得通过克隆和生物信息学方法从基因组序列未知的生物中分离 miRNA 成为可能。

④miRNA 表达具有时序性和组织特异性。

⑤植物 miRNA 成熟加工需要 Dicer-like（DCL1）、Hasty（HST）、Hyponastic leaves 1（HYL1）和 Hua enhancer 1（HEN1）等蛋白。DCL1 酶在细胞核内将 miRNA 前体（pre-miRNA）切割成 miRNA：miRNA 双体，然后由 HST 蛋白将其转运到细胞质中进行进一步的加工。

⑥成熟 miRNA 的 5′端带有磷酸基团且多为尿嘧啶核苷酸，3′端带有羟基。这一特点使 miRNA 能与大多数寡核苷酸和功能 RNA 的降解片段区分开来。

⑦植物 miRNA 与靶基因的结合位点除 3′非编码区（untranslated region，UTR）外，还可以位于转录区域。植物 miRNA 与其靶基因序列具有高度的互补性。目前发现的多数植物 miRNA 与其靶基因几乎完全互补，因此就可以预测出它们所作用的一系列可能的靶标基因。植物 miRNA 作用的靶标基因主要是一些在植物生长发育过程中起作用的转录调控因子。

2. 植物 miRNA 的生物合成和作用机制

（1）植物 miRNA 的生物合成

大多数植物 miRNA 是一个独立的转录单位，偶尔也串联重复存在，即一个转录单位可以加工成几个 miRNA（如 miR395）（Guddeti et al.，2005）。植物 miRNA 的生物合成包括转录、加工成熟和功能复合体装配 3 个主要步骤。开始，植物细胞核内编码 miRNA 的基因转录产生初级转录本（pri-miRNA）。Dicer 酶（RNAase-Ⅲ like）在 HYL1 蛋白的协助下切割 pri-miRNA 茎环结构中远离或靠近环端的双链位点，释放 miRNA 前体（pre-miRNA），此时 miRNA 的一端已经确定。随后，Dicer 在另外一端的双链位点上进行第二步切割，形成由成熟 miRNA 与其互补序列组成的 miRNA：miRNA* 双螺旋结构（miRNA* 是指 miRNA 的互补序列）。而后，miRNA：miRNA* 在 Hasty（HST）的作用下，从核内运输到胞质中，进而转移到蛋白功能复合体 RISC（RNA-induced silencing complex）中。miRNA：miRNA* 互补双链其中一条单链可以选择性结合到 RISC 上成为成熟 miRNA，而另一条单链则被立即降解（Jones-Rhoades et al.，2006；Lelandais-briere et al.，2010）。

在植物 miRNA 的成熟过程中，RNaseⅢ 家族的 Dicer 酶发挥重要作用。Dicer 酶是一种双链 RNA 专一性内切酶，可对双链 RNA 或 RNA 茎环结构进行切割。从 N 末端起，Dicer 酶依次包含 RNA 解旋酶结构域、PAZ 结构域、两个 RNaseⅢ 催化区和一个或两个 C 末端双链 RNA 结合区。拟南芥中有 4 个 Dicer 酶基因，分别是 *DCL1*、*DCL2*、*DCL3* 和 *DCL4*，这些酶在植物中行使不同的功能，只有 *DCL1* 是 miRNA 加工所必需的，直接参与 pri-miRNA 和 pre-miRNA 两步的加工过程。*HYL1* 包含两个双链 RNA 结合元件，与 *DCL1* 协同作用，参与 pri-miRNA 的识别和加工过程。植物 miRNA 的成熟过程还需要另外一种蛋白 HEN1，HEN1 具有甲基转移酶的结构域，可诱导 miRNA：miRNA* 甲基化，而 miRNA 的 3′末端甲基化可以稳定 miRNA，之后在转运蛋白 HST 的帮助下从细胞核转移到细胞质中。

（2）植物 miRNA 的作用机制

植物 miRNA 对靶基因作用机制可以是剪切靶基因的 mRNA 或

阻遏靶基因的 mRNA 的翻译。一般来说，若 miRNA 与靶 mRNA 完全配对，则指导靶 mRNA 的特异性切割；若 miRNA 与靶 mRNA 不完全互补，则指导翻译抑制（Brodersen et al.，2008）。大多数植物 miRNA 与靶序列的开放阅读框（ORF）完全匹配，因而 miRNA 主要通过降解靶 mRNA 来实现对靶基因的转录后表达调控。RISC 在 miRNA 降解靶 mRNA 过程中具有重要作用，该复合体由 Dicer、Argonaute2 和 TRBP 装配而成，负责将配对的 miRNA 分开，利用单链的 miRNA 分子去寻找特异的 mRNA。在 miRNA 与 mRNA 进行配对后，Dicer 和 TRBP 将 mRNA 送到 Argonaute2 进行切割。在 miRNA 的切割过程中，miRNA 5′端的 2～8 位残基是与靶 mRNA 互补的核心元件，而切割位点是与 miRNA 的 10～11 位核苷酸残基配对的靶 mRNA 的 ORF 区。切割完成后，RISC 带着 miRNA 继续识别和切割其他目标 mRNA。

在 miRNA 抑制翻译过程中，miRNA 主要的作用位点为靶 mRNA 的 3′UTR 区，通过改变靶 mRNA 上核糖体密度或特异降解新合成的多肽来抑制 mRNA 翻译。miRNA 还有可能作用于靶 mRNA 的 5′UTR 区（Brodersen et al.，2008）。miRNA 可能存在其他的调控机制，如调控靶 mRNA 的定位或稳定性，或作用于 mRNA 以外的靶分子，与调控性的非编码 RNA 甚至 miRNA 互补结合，其调控作用也可以通过与其他 RNA 竞争性地结合蛋白来实现。miRNA 还可使目标染色体位点甲基化从而在转录水平上发挥作用，或通过对靶基因"快速脱腺苷酸化"降低蛋白质的合成，说明植物 miRNA 可能存在更多的调控机制（Wu et al.，2010）。

（3）植物 miRNA 的生物学功能

miRNA 在植物中具有十分重要的功能，已知的与 miRNA 所对应的靶 mRNA 大多为一些调控发育的转录因子、调控抗逆性（抗寒、抗旱、抗盐碱、抗氧化）以及对激素信号（ABA、Auxin）响应的基因的 mRNA。双子叶植物中 21 个保守的 miRNA 家族的 95 个靶基因中有 65 个编码转录因子，说明 miRNA 是植物中的主要调控因子，处于基因表达调控的中心位置，在整个基因调控网络中具有举足轻重的作用（Jones-Rhoades et al.，2006）。越来越多的报道表明 miRNA 不仅参与植物的生长发育过程、代谢过程、应对生物和非生物的胁迫反应过程，还参与 trans-acting siRNA 的合成过程，等等。

①miRNA 调控植物生长发育。在植物中，miRNA 的靶基因大多是编码参与调控生长发育和细胞分化的转录因子，还有一些与信号转导有关的调控蛋白的基因，它们可能参与植物激素信号通路、植物开花及花器官的发育、叶和茎的发育、根的发育、发育时序调控、小 RNA 代谢等过程，在植物生长发育过程中起到重要的调节作用。拟南芥中与 miRNA 代谢及其作用机制相关的重要基因的缺失和突变导致植物生长发育受阻，表现出多种发育异常表型。例如，*dcl1* 突变体中 miRNA 含量降低，个体生长发育严重缺陷，营养器官、生殖器官以及胚胎发育等极不正常。其他与 miRNA 代谢相关的突变体，如 *ago1* 突变体影响到拟南芥植株整体的结构以及叶片的正常发育；*hasty* 突变体影响植株营养生长与生殖生长之间的转变；拟南芥 *hyl1* 突变体影响植株对脱落酸、生长素和细胞分裂素的响应，由此说明 miRNA 对植物正常生长发育的重要作用。拟南芥 miR172 过表达导致提早开花。拟南芥转录因子 MYB家族的 MYB33 和 MYB65 与花粉囊发育相关，miR159 负调控 *MYB33* 和 *MYB65* 基因的表达，从而影响花粉囊的形态。

②miRNA 调控植物激素信号转导过程。miR319 通过靶向作用于 TCP 转录因子（TBI/CYC/PCFs，TCP）家族基因来调控茉莉酸（JA）生物合成关键基因，从而控制 JA 生物合成、调节 JA激素通路，最终调控叶衰老进程。拟南芥中有 23 个生长素响应因子（auxin response factor，ARF），其中至少有 7 个是由 miRNA介导调节。*ARF10*、*ARF16*、*ARF17* 是 miR160 的靶基因；*ARF6*和 *ARF8* 是 miR167 的靶基因；miR390 介导 *TAS3* 基因的切割，所产生的 ta-siRNA 作用于 *ARF3* 和 *ARF4*。miR393 靶向调控生长素受体，植物 miRNA 通过与这些靶基因结合来调控生长素信号途径，从而影响植物生长发育（Sunkar et al.，2006）。研究表明，

一些 miRNA 受水杨酸、细胞分裂素、脱落酸等激素诱导，并在植物组织中发生差异性表达，进一步证明了 miRNA 参与调控植物激素信号转导过程（Zhang et al.，2005）。

③miRNA 在环境胁迫中的作用。miR395 在维持植物硫素平衡和调控硫同化过程中起重要作用。低硫胁迫诱导 miR395 过量表达，导致其靶基因——ATP 硫酸化酶基因（*APS1*）转录水平下降；当硫素水平正常时，*APS1* 转录水平增加，miR395 表达完全受到抑制（Kawashima et al.，2009）。拟南芥 miR399 能够对低磷胁迫发生响应并保持体内磷素稳定平衡（Pant et al.，2008）。在低磷胁迫下，植物体内 miR399 的表达量增加，当磷水平恢复正常时 miR399 的表达水平降低。某些 miRNA 表达量在低氮情况下会发生改变，如 miR167a 在低氮胁迫下表达量上调，从而导致靶基因 *ARF8* 表达下调，*ARF8* 与植物侧根的生长有密切关系。因此，miR167a 可以通过调节侧根生长来响应低氮胁迫。

Niu 等通过修饰拟南芥 miR159 的前体获得了人造的 miRNA：amiR-P69 159 和 amiR-HC-Pro159，发现表达 amiR-P69 159 和 amiR-HC-Pro159 的转基因拟南芥植株能分别特异抵抗芜菁黄花叶病毒 TYMV 毒性蛋白（P69）和芜菁花叶病毒 TuMV 毒性蛋白（HC-Pro）的感染。双分子前体 amiR-P69 159/amiR-HC-Pro159 转基因能够同时得到 amiR-P69 159 和 amiR-HC-Pro159 两种基因，表达二聚体前体 amiR-P69 159/amiR-HC-Pro159 转基因的植物因此能够同时产生 amiR-P69 159 和 amiR-HC-Pro159，以同时抵抗两种病毒感染（Niu et al.，2006）。

miRNA 可以使植物抵抗寒冷、高浓度 ABA、干旱、高盐等极端自然环境及抵抗环境引起的自身氧化胁迫。Liu 等（2008）通过芯片杂交实验表明低温诱导拟南芥 miR169、miR172、miR171、miR397、miR408 的表达。Wei 等（2009）通过 miRNA 芯片杂交实验发现，在干旱胁迫下来自 13 个物种的 34 个 miRNA 表达发生显著变化，这些 miRNA 靶基因大部分都含有干旱胁迫下的 ABA 响应元件。在干旱条件下，miR474 表达量上升，miR167、 miR168 和 miR528 被抑制，它们各自的靶基因表达量增加，启动 ABA 诱导的气孔运动和抗氧化防御。miR398 是第一个被发现受逆境胁迫负调控的 miRNA，通过负调控其靶基因——Cu/Zn 超氧化物歧化酶基因（Cu/Zn-superoxide dismutase，*CSD*）的表达，在多种逆境胁迫响应中扮演重要角色，如调节铜代谢平衡，应答重金属、蔗糖、臭氧等非生物胁迫，以及参与应答生物胁迫等（Sunkar et al.，2006）。

④miRNA 及其靶基因在作物遗传改良上的应用。miRNA 在多种生物学过程，包括发育、分化、细胞凋亡、生长代谢、病毒感染和胁迫防御等起着重要的作用。因此，miRNA 的转录后基因沉默为功能基因组学研究和作物遗传改良研究带来新的机遇和注入新的活力。把 miRNA 转入植物体内也同样可以改变植物的表现型。Achard 等（2004）发现过量表达 miR159 导致拟南芥在短日照下开花延迟，花粉囊发育受阻。Guo 等（2005）报道拟南芥 *mir164a* 和 *mir164b* 突变体的侧根较多，在 miR164a 和 miR164b 表达恢复后突变表型消失，侧根数量恢复正常。相反，miR164 诱导表达的转基因拟南芥植株侧根发生量减少。过量表达 miR167b 转基因植株的表型与其靶基因 *arf6arf8* 双突变体的表型非常相似。此外，近年来还发展了一套人工合成的 miRNA 特异沉默靶基因方法，它可实现 miRNA 与靶基因一对一或一对多特异性沉默靶基因，且已经在构建一个自动合成这种 miRNA 的平台（http：//wmd. weigelworld. org）。如何分离 miRNA 及其靶基因，并揭示它们的功能，精确地掌握 miRNA 在植物抗逆过程中的调控机制，是目前 miRNA 研究领域的工作重点。

3. 植物 miRNA 的研究方法

（1）miRNA 的分离和克隆方法

因为 miRNA 片段短，分子量很小，不同于一般 mRNA 的分子特征，所以 miRNA 的分离和克隆方法相对较复杂。首先提取组织中的总 RNA，然后通过变性的聚丙烯酰胺凝胶电泳（SDS-PAGE）将小分子量的 RNA 与大分子量的 RNA 分离开，割胶回收所需的小 RNA 片段，如 15～30bp 的小 RNA，之后在它们的 5′磷酸基团末端和 3′羟基末端分别连接一个接头，逆转录后利用接头引物进行 PCR 扩增，连接到克隆载体上。

（2）miRNA 的表达的分析方法

①miRNA 实时荧光定量 PCR。实时荧光定量 PCR（Real-time PCR）方法是在 PCR 反应体系中加入荧光试剂，通过荧光信号的强度实时监测 PCR 进程，最后通过绘制标准曲线对未知模板进行定量分析的方法。实时荧光定量 PCR 具有专一性好、灵敏度高、重复性好并且实验操作简便快捷等优点，但是对于 20～25bp 长度的成熟 miRNA 而言，传统的实时定量 PCR 技术并不适用，经过近些年科学家对此方法的不断改进，目前有两种常见的荧光定量 PCR 技术可以用于检测成熟的 miRNA，第一种是茎环引物法，第二种是 RNA 加尾和引物延伸法。

茎环引物法是针对每一条 miRNA 设计特殊的茎环结构的反转录引物，经过反转录合成单链 cDNA 后，利用 miRNA 特异的上游引物和通用的下游引物进行定量 PCR 反应，精确检测样品中 miRNA 表达水平。利用茎环引物法定量检测 miRNA，每一个 miRNA 需要设计 3 条引物：一条 miRNA 特异茎环引物（Loop RT primer）用于反转录，一条 miRNA 特异正向引物，还有一条通用的反向引物。miRNA 的荧光定量 PCR 共有两步：一是利用茎环特异引物进行反转录，二是 Real-time PCR 反应（Chen et al.，2005）。

RNA 加尾和引物延伸法的基本原理是：利用 poly（A）聚合酶给成熟 miRNA 分子加上 poly（A）尾巴，然后用带有一段通用序列的 Oligo-dT 及反转录酶进行反转录合成 cDNA，此时得到的反转录产物长度得到增加，最后用 miRNA 的特异上游引物和通用的下游引物进行 PCR 反应。利用 RNA 加尾和引物延伸法进行 miRNA 定量分析只需要针对每一条 miRNA 设计一条 miRNA 特异的上游引物和通用的下游引物，一次反转录就可以合成所有 miRNA 分子对应的 cDNA（Fu et al.，2006）。

茎环引物法与 RNA 加尾和引物延伸法除了共有快速、简单、省时、检测灵敏度高和需要的 RNA 量少等优点外，两者还各有优缺点。茎环引物法最大的优点是特异性较高，可以较好区分成熟 miRNA 分子和其前体分子以及序列相似的其他 miRNA 成员，并且不受基因组 DNA 的污染；缺点是需要针对每一条 miRNA 设计茎环引物以及进行反转录反应，并且需要单独针对内参基因进行反转录，使得整个操作过程烦琐并且费用较高。RNA 加尾和引物延伸法最大的优点是只需要对 miRNA 设计合成一条特异的上游引物，并且反转录得到的 cDNA 可用于所有 miRNA 的定量反应，这大大简化了实验操作并且降低了费用，缺点是特异性不高，不能区分序列相似的 miRNA 成员。

②Northern 杂交。Northern 杂交一直是检测基因表达的一种可靠的方法，目前被大量应用于检测和鉴定 miRNA 的表达量，在它基础上改进的 Small RNA Northern Blot，即 PAGE Northern 杂交，能更简便地用于 miRNA 的表达分析。PAGE Northern 杂交首先是将提取得到的低分子量 RNA 进行聚丙烯酰胺凝胶电泳，然后利用电转移的方法将 RNA 转到尼龙膜上，最后进行杂交及信号检测，可以使用同位素和地高辛（DIG，digoxigenin）两种方法标记 LNA（Locked nucleic acid）修饰的寡核苷酸探针，使用的探针为 miRNA 的反向互补链。Northern 杂交被广泛应用于 miRNA 的检测和表达分析，如利用 Northern 杂交技术验证了拟南芥中预测得到的 miRNA，通过 Northern 杂交检测拟南芥在高磷元素和低磷元素的生长条件下 miR399 和 miR172 在芽和根组织中的表达水平。虽然 Northern 杂交对 miRNA 等的检测可信度高，但是它存在 RNA 需求量大、灵敏度不够高、通量低等缺点。

③原位杂交。原位杂交（ISH，in situ hybridization）是在一定温度和离子浓度下，使具有特异序列的单链探针通过碱基配对与细胞内待测的核酸链结合，利用探针上标记的放射性同位素或地高辛等将待测核苷酸序列在其原有位置显示出来。原位杂交的敏感性

和特异性较高，可以用于检测 miRNA 在动植物不同组织器官和细胞中的分布，即 miRNA 的时空表达模式。在早期，原位杂交多用于检测 miRNA 在组织器官中的表达情况，近些年来已经将这种技术应用于检测 miRNA 的表达模式。目前，利用原位杂交技术检测 miRNA 的表达情况多用于动物。

④基因芯片。基因芯片又称 DNA 芯片（DNA chip）或 DNA 微阵列（DNA microarray）。基因芯片主要是将已知的 DNA 序列作为探针，通过原位合成或显微打印的方法将探针固化到支持物表面，之后将标记的 RNA 或 DNA 样品与探针 DNA 进行杂交，通过荧光检测仪来检测芯片表面的荧光信号强度，获得的大量数据，筛选出两个或多个样品间差异表达的 mRNA。目前，基因芯片也用于检测 miRNA 在动植物组织中的表达情况，即 miRNA 芯片。miRNA 芯片中用的探针是成熟 miRNA 序列的反向互补核苷酸链。通过 miRNA 芯片筛选得到不同样品间显著表达差异的 miRNA。由于芯片技术采用大规模微阵列技术，很大程度上提高了筛选的速度和通量，因此芯片技术是 miRNA 高通量研究的首选。在植物中，miRNA 芯片也被广泛应用，例如 miRNA 芯片被用于筛选拟南芥中的环境胁迫响应 miRNA（Liu et al.，2008）。虽然该方法能高通量地检测目的 miRNA 的表达，但是并不适合用于新miRNA 的发现和鉴定。

⑤高通量测序技术。高通量测序技术（High-throughput sequencing）又称第二代测序技术、下一代测序技术或深度测序技术（Deep sequencing）。它一次可以对几百万条 DNA 分子进行测序，是对传统测序技术的一次突破性的改革。虽然高通量测序获得的序列较短，但是它具有速度快、高通量、覆盖度深等优点，并且测序费用大大降低，使得利用高通量测序技术对物种的转录组和基因组整体详细地分析研究成为可能。近期，研究人员采用新一代测序技术检测了多种植物在不同发育阶段或胁迫处理下的 miRNA 表达谱，如马铃薯、拟南芥、水稻等（Wang et al.，2011a；汤海明等，2012；Lakhotia et al.，2014），发现和鉴定了新的 miRNA 分

子，获得了大量关于 miRNA 的信息，揭示了 miRNA 分子及其靶基因在特定生理条件下的功能。

高通量测序技术目前有三种测序平台，一种是罗氏公司的 454 测序技术（Roche 454）。2005 年底，基于焦磷酸测序法的第二代测序系统 Genome Sequencer 20 System 诞生。从此，454 测序技术开启了高通量测序技术的新纪元。在 2007 年，他们又推出了性能更好的第二代基因组测序平台：Genome Sequence FLX System（GS FLX）和全新的 GS FLX Titanium 测序试剂和软件，全面提升了测序的准确性、读取长度与测序通量。运用新的测序平台和试剂，每次运行能获得 100 万条序列，平均读长可以达到 400 个核苷酸，准确性非常高，而且速度快，通量提高到之前的 5 倍，达到每轮运行能获得 4 亿～ 6 亿个碱基的序列信息。但是，454 测序存在不能准确地测量同聚物长度的缺陷，容易造成核苷酸缺失或插入的序列错误。

第二个高通量测序平台是 Illumina 公司的 Solexa 基因组分析仪。Illumina/Solexa 测序技术的基本原理是边合成边测序，测序过程中是以 DNA 单链为模板，在生成互补链时通过辨认带荧光标记的 dNTP 发出的不同颜色的荧光来确定不同碱基，新加入的 dNTP 的末端会被可逆的保护碱基封闭，因此每次反应只允许加入一个碱基，待碱基读取后去除保护基团，下一个反应继续进行。随着技术的改进，Illumina/Solexa 测序目前的读取长度为 100bp 以上，测序通量也在增加，在前几年，Illumina/Solexa 测序平台相继推出 GA（Genome Analyzer）、GA Ilx、HisSeq 2000 等测序仪。

第三个高通量测序平台是 ABI 公司的 SOLID 测序系统。SOLID 系统采用微球和微乳滴的方法，在 PCR 扩增完成后，微球被结合到反应板上，采用连接法进行测序。连接反应的底物是八个碱基长的探针，探针的 5′端标记有荧光，3′端的 1 ～ 2 位碱基对与 5′端突光信号的颜色对应。一次 SOLID 测序共有 5 轮，每轮由多个连接反应组成，每轮测序的每次连接反应都会获得 2 个位置的颜色信息，所有 5 轮测序完成后就可以获得所有位置的颜色信息，然后依次推断出相应的碱基序列。

三种测序技术平台各有优缺点，要依据侧重点选择合适的测序技术。Roche454 基因组测序仪的测序读长在三种测序技术中最长（600 ～ 1 000bp），但通量最低（0.5～1 Gb/run）；Illumina/Solexa 测序通量大，新机型 Hiseq2000 产出量为 600 G/mn，读长通量为 100bp；ABI/SOLID 错误率低，测序质量高，单读长为 50bp，是三种测序技术中读长最短的。因为高通量测序具有以上特点，因此它也非常适合小分子测序，尤其是对于拷贝数低的小 RNA。近年来，miRNA 是小 RNA 群体中的研究热点，高通量测序技术的推广和应用大大加快了植物中 miRNA 的发现和鉴定过程，为后续研究 miRNA 的生物学功能、进化机制等提供了非常重要的信息和线索。利用高通量测序技术进行植物 miRNA 测序可以让科研人员从基因组的角度研究 miRNA 的分布情况和分布特点，以进一步了解 miRNA 的起源和进化。例如 Fahlgren 等（2007）通过高通量测序了解拟南芥中 miRNA 的进化特点，即新的 miRNA 基因在植物中大量快速产生并很快消亡。同时，利用高通量测序还可以研究植物不同时期和组织器官中 miRNA 的表达图谱，推测 miRNA 可能参与的生物学功能。Moxon 等（2008）以番茄叶片和果实为样品，利用深度测序技术获得番茄果实发育和成熟相关的 miR390 和 miR1917。近些年，miRNA 参与环境胁迫反应的报道非常多，而高通量测序技术是进行这类研究的一种有效方法。Zhang 等（2009）以短柄草为实验材料，运用深度测序技术筛选得到 28 个冷害胁迫响应 miRNA。通过深度测序，Hsieh 等（2009）研究拟南芥在磷元素缺乏的胁迫条件下根和芽中 miRNA 的表达水平，发现 miR156、miR399 和 miR778 等 5 个 miRNA 在缺乏磷元素的胁迫条件下上调表达，而 miR169、miR395 和 miR398 这 3 个 miRNA 下调表达。近几年来，miRBase 中植物 miRNA 的种类和数量急剧增加，归其原因主要是高通量测序技术的广泛应用大大加快了植物中保守的和新的 miRNA 的发现和鉴定。

三、SO₂ 对植物干旱生理的影响

（一）干旱对植物的危害及植物的抗旱机制

在植物生长过程中，干旱是影响其生长发育状况、产量和品质的重要非生物胁迫条件之一。植物遭受干旱时最明显的特征是萎蔫，其实质是植物缺水使得植物的内部组织和细胞结构等发生了变化，使植物内部代谢过程受到阻碍，如抑制光合作用、减慢呼吸作用、蛋白质被分解、脯氨酸的积累、核酸代谢受阻和激素代谢途径改变等，严重的干旱甚至导致植株死亡（Fang et al.，2015）。近年来，随着社会经济快速发展所带来的用水量需求的快速增加，以及全球气候加快变暖的影响，导致干旱缺水问题更加突出（Kissel et al.，2015）。因此，深入探索并了解植物抗旱响应机制，对培育抗旱优良品种、改进旱地栽培、促进节水农业的发展具有重要的科学价值和指导作用。

1. 干旱对植物的影响

研究表明，植物叶片的生长对水的缺失非常敏感，轻微的干旱胁迫就能使植物叶片生长受到明显的抑制。干旱胁迫造成细胞壁伸展性能的改变，如水稻、玉米、大豆和小麦等在遭受干旱胁迫后细胞壁的伸展性明显降低（Cramer et al.，1995）。另外，干旱胁迫时，为减少蒸腾失水，植物体会通过降低叶生长速率、老叶脱落等方式来减少叶片的表面积。干旱还影响叶片形态建成，如大豆的复叶运转方向受缺失水的影响，叶片颜色随水势降低由绿色变为蓝色。植物根部的生长受水分胁迫的抑制，水分胁迫能使根生长速率降低，根的长度和重量明显减少，这也就导致了根吸水面积减小、吸收水分的速度降低，对无机盐等营养物质的吸收就会明显减少（Liu et al.，2004）。面对干旱胁迫时，植物茎节之间的活动受到抑制，伸长缓慢，茎秆变细，植株的高度降低，这些变化随着干旱胁迫程度的加剧而加剧，叶长及叶面积减小（王辰阳，1992）。

干旱胁迫致使农作物的光合作用降低，而使其产量降低，干旱胁迫发生在开花期影响尤其明显。水分散失和叶片水势降低，导致叶片气孔开度减小，细胞中 CO_2 含量降低，光合作用也随之降低。植物在遭受重度或缓慢持久干旱时，除了气孔开度受到影响外，植物叶绿体结构也发生改变，抗氧化酶活性降低，膜脂过氧化程度加剧，生物膜的结构损伤，叶绿素、核酸及蛋白质等大分子结构遭到破坏，致使植物光合作用受到抑制（Grassi et al.，2005；Keenan et al.，2010）。与光合作用相比，呼吸作用受干旱胁迫的影响较小。在干旱胁迫过程中，植物的光呼吸会随着吐水势的降低而下降，但其在总呼吸中的比例却呈现相反趋势。光呼吸使得叶片内 CO_2 再循环过程得以继续，从而保护光合器官免受光抑制损害，与此同时，干旱胁迫又抑制光反应生成的 ATP、NADPH 的同化与利用（Liu et al.，2004）。

干旱胁迫影响植物体内的氮代谢。近年来，国内外学者对干旱条件下脯氨酸含量动态变化及其与植物抗旱性之间的关系等进行了大量研究。在正常状态下，游离脯氨酸含量非常低，干旱胁迫时脯氨酸可迅速大量生成，这说明在一定程度上脯氨酸积累对植物抗旱是有益的（Harb et al.，2010）。此外，当植物受到干旱胁迫时，体内水解酶活性会升高，加速蛋白质的降解，使得可溶性氮含量增加。也有研究表明，植物体内蛋白质合成受阻的同时，逆境胁迫会诱导新的蛋白质合成，这些新合成的蛋白质往往与植物忍受的相应逆境之间有明显相关性。另外，植物硝酸还原酶对水分胁迫非常敏感。有研究报道，玉米在轻度水分胁迫，即水分变化还不明显之前，硝酸还原酶活性已显著降低，导致植物体积累过量的硝酸根离子。

干旱胁迫对植物抗氧化系统的影响。当植物受到干旱胁迫时，抗氧化系统清除活性氧的能力被抑制，原先的活性氧动态平衡被干扰，致使胞内活性氧水平极速上升，引发脂质过氧化，导致氧化损伤。活性氧过度积累也能促进细胞氧化还原状态的改变，影响氧化还原信号传递和正常细胞代谢过程，最终导致膜脂过氧化，蛋白质、核酸以及酶结构功能受到干扰，膜通透性增加，严重时导致细胞死亡。另外，在水分胁迫下，酶促和非酶促抗氧化剂水平增加、减少，或者不发生改变，这依赖于植物物种、干旱胁迫的持续时间等不同的因素（Mafakheri et al.，2011）。

2. 植物抗旱机理研究

干旱胁迫时，空气中水分下降，植物叶片会向大气中蒸发水分，使植物气孔保卫细胞的水含量降低，引起气孔关闭，从而防止叶片水分继续散失。植物叶片水势的降低，也会引起气孔的关闭来保持植物叶片的水分。渗透调节是植物在应对干旱胁迫时的主要机制，植物生长环境缺水时，植物会通过自身积累一些具有调节渗透压功能的小分子有机化合物维持渗透压的平衡，来保持自身结构不会被破坏（Dobrá et al.，2011）。脯氨酸是其中一种重要的渗透压调节物质，脯氨酸具有亲水基团和疏水基团，亲水基团很容易与水结合，疏水基团则结合蛋白质，这就使得干旱胁迫下细胞能够保持住水分，从而防止细胞脱水（Szabados et al.，2010）。

干旱胁迫时，植物体内产生大量活性氧分子。植物在应对这种活性氧胁迫的时候，超氧化物歧化酶（SOD）处于非常重要的地位，其活性能反应植物抵御氧化胁迫的能力，过氧化物酶（POD）和过氧化氢酶（CAT）的协同作用在植物抵御干旱胁迫过程中也发挥着重要作用（Sharma et al.，2005）。可溶性糖也是植物代谢和发育的重要调控信号，其保护植物免受氧化胁迫的部分原因可能是活化了特定的活性氧清除系统，减少了氧化损伤，在植物对逆境胁迫的适应机制中发挥着重要作用（Hanson et al.，2009）。干旱胁迫时，植物体内的激素含量会发生明显的变化，例如，细胞分裂素的含量降低、内原脱落酸的含量升高等。细胞分裂素能调节细胞反应、气孔开合并且和植物中的某些抗旱基因有关。而脱落酸能够提高植物在水分胁迫条件下的抗氧化能力（赵宇等，2008）。

（二）SO_2 对植物干旱生理的影响

SO_2 一直被人们认为是大气污染物，对人的身体有着毒害作用。然而近年来的实验表明，SO_2 除了可外源性吸入引起全身毒性作用外，也可以内源性产生。在生物体体内含硫氨基酸（丝氨酸、蛋氨酸和半胱氨酸/胱氨酸等）的代谢均可产生内源性 SO_2，以大鼠为实验对象，发现在大鼠血浆、心肌和血管组织中均有内源性 SO_2 的生成（Wang et al.，2011）。同时内源性产生的 SO_2 具有调节心率、降低血压、参与炎症反应等生物学效应，与心血管系统的调节有着密切的关系（Luo et al.，2011）。

SO_2 对植物方面的研究主要集中在它对植物的毒害作用。但是，也有报道指出一定浓度的 SO_2 可能对植物生长发育具有有利作用，如土壤中硫缺乏时，SO_2 可作为植物所需硫元素的来源；低浓度的 SO_2 能促进种子萌发、幼苗生长（Li et al.，2012）；SO_2 衍生物预处理小麦种子，可以提高种子还原糖、可溶性蛋白、淀粉酶及酯酶活性，促进干旱条件下种子的萌发；通过提高种子抗氧化酶活性，降低活性氧，缓解干旱胁迫对小麦种子的氧化损伤（郭希凯，2012）；一定浓度的 SO_2 可以在蛋白质和 miRNA 水平上诱导拟南芥防护基因表达的改变，而这些差异性表达的基因对植物应对逆境胁迫有益；SO_2 也可以增强拟南芥硫同化作用，使半胱氨酸（Cys）和谷胱甘肽（GSH）含量增加，谷胱甘肽硫转移酶（GST）和谷胱甘肽过氧化物酶（GST-PX）活性增高，相关防御基因表达水平升高，提高拟南芥对逆境的适应能力；一定浓度和时间的 SO_2 熏气可以提高抗氧化酶（SOD、POD 和 CAT）活性，增强植物对逆境的抗性（Giraud et al.，2011；Xue et al.，2018）。鉴于 SO_2 在动物体内的保护性功能，且在动物体内 SO_2 与 Ca^{2+} 和 H_2S 分子之间存在相互联系，同时研究发现 NO、Ca^{2+} 和 H_2S 分子也参与植物体内许多重要的生理过程，如种子萌发、根系发生、气孔运动、开花调节及胁迫响应等。因此，越来越多的学者们开始研究 SO_2 对植物的毒害和保护效应之间的差异，探讨 SO_2 对逆境胁迫下植物抗逆性的影响，同时在植物体中证明 SO_2 与 Ca^{2+} 和 H_2S 分子之间的相互关系。

（三）硫化氢（H_2S）和钙信号研究进展

1. 信号分子 H_2S 的产生及其生理功能

硫化氢（Hydrogen sulfide，H_2S）是一种无色有臭鸡蛋气味的气体，长期以来一直被作为一种有毒气体存在。1996 年，H_2S 被证明作为一种神经活性物质存在于人体中。内源性 H_2S 可以由哺乳动物体内含硫氨基酸代谢产生，在体内以气体 H_2S 和硫氢化钠（NaHS）两种形式存在，最常用的 H_2S 供体有硫氢化钠（NaHS）和 GYY4137，两者溶于水后均可产生 H_2S 气体（Lisjak et al.，2010）。2003 年，Wang 将 H_2S 确定为继 NO 和 CO 之后的第三种气体信号分子。Yang 等于 2008 年在 *Science* 杂志报道 H_2S 产生缺陷突变体小鼠血压明显升高，首次证明内源 H_2S 作为信号分子调节内皮细胞依赖性血管舒张，随后 *Nature* 杂志"News Feature"栏目高度评价了这一研究进展，该成果将基于细胞信号分子角度探讨 H_2S 生理功能的研究推向高峰。

H_2S 是已明确的唯一含硫气体信号分子，植物体内 H_2S 的来源可以分为直接吸收途径和酶催化产生途径。前者即通过叶片吸收环境中的 H_2S，而酶催化途径包括亚硫酸盐还原酶（Sulfite reductase，SiR）还原亚硫酸盐（SO_3^{2-}）产生 H_2S，以及 Cys 经酶催化降解生成 H_2S，植物体内以 Cys 为底物催化产生 H_2S 的酶主要有四大类，目前对模式植物拟南芥中这些酶类的研究最为深入。也有研究表明，植物在摄入过量 SO_2、硫酸盐、亚硫酸盐或 L -半胱氨酸时，就会从叶片中直接释放出 H_2S。1978 年，Wilson 等观察到黄瓜、玉米、大豆等植物在受到过量 SO_2 或亚硫酸盐侵害时，叶片在光的刺激下，由亚硫酸盐还原酶催化可以释放 H_2S。

H_2S 作为气体信号分子参与了植物体的整个生长、发育、成熟和衰老过程。研究表明，H_2S 的外源供体 NaHS 能增强小麦种子中淀粉酶的活力，加速种子萌发（Zhang et al.，2008）。H_2S 在根形态建成的过程中扮演重要的角色，低浓度 H_2S 可提高根尖边缘细胞的存活率，促进不定根的延伸，同时促进植物外植体不定根的发生（李东波等，2010）。不同浓度的外源 H_2S 处理能不同程度地延迟植物花器官的衰老，延长各类切花的观赏期（Zhang et al.，2011）。除此之外，H_2S 还能够防止水果腐烂，以剂量依赖的方式延缓采后花椰菜的衰老，从而延长水果或蔬菜的采后贮藏期（Hu et al. , 2014)。

大量研究表明，H_2S 信号参与植物对多种生物与非生物胁迫的响应。Shi 等（2015）发现细菌性病原体（Pst DC3000）感染拟南芥叶片时，*LCD* 和 *DCD1* 基因转录水平及酶活性均显著升高，体内 H_2S 含量也随着侵染时间的延长而增加，并作为信号分子诱导 miR393a 和 miR393b 的表达，调节 miR393 依赖的生长素信号途径，进而提高植物的抗菌能力。H_2S 具有缓解植物重金属胁迫，减轻离子毒害，提高其抗性的能力。NaHS 处理可以提高植物体内 CAT、SOD、APX、POD 等抗氧化酶的活性，减少植物体内 Cu、Cd、Cr 和 Al 等多种重金属的积累，缓解重金属胁迫对植物根系生长的抑制，进而缓解重金属及过量的必需元素硼（B）对植物生长的毒害作用，增强植物体的抵抗能力（裴雁曦，2016）。H_2S 处理能够激活抗旱相关基因的表达，调控 miRNAs 编码基因的转录，提高拟南芥的抗旱性。生理浓度 H_2S 提高还原型抗坏血酸和 GSH 的含量，增强小麦幼苗对水分胁迫的抗性。除了调节植物的抗氧化系统进行胁迫抵御，外源 H_2S 处理还可调节气孔运动参与植物响应干旱、水分和渗透胁迫（Shan et al. , 2011）。

对于 H_2S 在植物生长发育以及胁迫响应过程中的生理作用的研究大多处于表型层面的现象发现阶段，而关于其信号转导机制的研究还十分有限。H_2S 通过调控基因表达、离子通道活性等参与植物生长发育和逆境胁迫响应等过程，发现其与活性氧（ROS）、NO、CO、Ca^{2+}，以及脱落酸（ABA）、茉莉酸（JA）、赤霉素(GA)、生长素、乙烯等植物激素信号路径存在相互作用。最新的研究表明，H_2S 可以与蛋白质的自由 Cys 残基-SH 或者-SDS-、-S-OH、S-NO 状态的 Cys 残基反应形成-S-SH，对蛋白质进行 S-巯基化修饰（Mustafa et al. , 2009）。这是一种氧化还原依赖的可逆的蛋白质翻译后修饰，该修饰改变靶蛋白的活性，进而促进 H_2S 信号的传递，这可能是其参与各项生命活动的重要作用方式之一。

2. 钙信号转导网络研究进展

Ca^{2+} 作为细胞内至关重要的第二信使，参与多种胞外刺激或胞内信息的接收和传递。Ca^{2+} 不仅能维持细胞壁、细胞膜及膜蛋白的稳定性，而且在植物的生长发育以及对外界环境刺激反应的调控中也具有重要的作用。在植物体内主要有两类蛋白元件与 Ca^{2+} 结合参与钙信号的接收与传递。一类是响应元件，主要包括一些钙依赖蛋白激酶（calcium dependent protein kinases，CDPKs），该类蛋白与 Ca^{2+} 结合后能够磷酸化下游靶蛋白。因此它们能直接感受钙信号，并将其传递下去（Boudsocq et al.，2013）。另一类是传感元件，主要包括钙调蛋白（Calmodulin，CaM）和钙调磷酸酶 B-类似蛋白（calcineurin B-like，CBL），该类蛋白与 Ca^{2+} 结合后不能直接产生细胞效应，还必须与靶标蛋白相互作用才能产生信号效果。不同生理信号或逆境刺激通过不同的钙信号途径向下游传递信息，从而调节相应转录因子的活性并诱发功能基因的表达，介导一系列细胞生理反应以响应内源或外源的刺激。

第二章　SO_2 对植物叶片形态和生理生化指标的影响

硫是植物必需的矿质元素，低浓度 SO_2 能促进植物生长，尤其是在土壤含硫不足时。但空气中 SO_2 浓度过高时对植物具有毒害效应，能破坏叶绿体结构，分解叶绿素，使叶片失绿或坏死（Rakwal et al.，2003），对植物的光合作用、呼吸作用、物质代谢及酶的活性等都有明显的影响，抑制植物生长，还能诱发不可逆遗传损伤，使根尖细胞微核率和染色体畸变率增高。SO_2 通过气孔进入植物细胞，溶于细胞液形成 HSO_3^- 和 SO_3^{2-}，SO_3^{2-} 很快被氧化成 SO_4^{2-}，同时产生 ROS，如 O_2^-、H_2O_2、·OH 等。高浓度 ROS 会损伤植物细胞，使蛋白质、核酸、膜脂等生物大分子结构损伤、功能异常，导致细胞生理活动紊乱，但一定浓度的 ROS 可以诱导某些保护酶基因的表达，提高酶活性（朱会娟等，2007；Drazkiewicz et al.，2007），增强植株的防护能力。研究发现，H_2O_2 可作为细胞信号转导分子，诱导与逆境适应相关的基因表达，Levine 等（1994）报道了植物受病原体侵袭时，H_2O_2 诱导保护酶 GST 和 GPX 等的基因表达。SO_2 胁迫可诱导植物抗氧化系统活性增高，使保护酶 SOD、APX 等活性提高（郝林等，2005）。

近年来对植物硫吸收和代谢的研究多集中在模式植物拟南芥中，已经提出了较完整的代谢途径。也有不少报道以拟南芥为材料研究植物的逆境生理（干旱、营养元素缺乏等）过程（Cho et al.，2005），但缺乏对环境污染物 SO_2 胁迫效应的系统研究。因此，研究 SO_2 熏气对植株生长发育、叶片形态及生理生化指标的影响，分析植物对 SO_2 胁迫的响应特征和适应机制为植物抗逆机制研究提供了实验依据。

一、SO₂ 对植物叶片形态、气孔开度和生长发育的影响

取 4 周龄的拟南芥植株，采用体积 0.512m³ 的密闭箱静态熏气。根据 $K_2S_2O_5 + 2HCl \rightarrow 2KCl + H_2O + 2SO_2$ 的原理，定量产生 SO_2 气体，并采用甲醛吸收-副玫瑰苯胺分光光度法测定 SO_2 浓度。共设 4 个处理（0mg/m³、10mg/m³、30mg/m³、90mg/m³），每组 20 株植株，每个处理设置 3 个重复。在熏气前 1d，将拟南芥植株移入熏气箱中适应箱内环境，每日熏气 4h 后从熏气箱取出，在培养间恢复培养 20h，翌日继续熏气，连续熏气 14d 后，立即测定各项指标。

统计每组 20 株植株的单株叶片数，测量株高，选叶位一致的叶片测其长和宽，计算株高、单叶面积和单株叶片数的平均值。每组中随机选 5 片叶位一致的叶片，采用指甲油影印法取叶片下表皮，置于载玻片上，加盖玻片后于显微镜（10×40）下观察。每片表皮选 6 个视野，每个视野 10 个气孔，共 60 个气孔，统计关闭气孔数，测微尺测量开放气孔的最大内径作为气孔开度，计算气孔开放面积，求单叶气孔开放总面积占叶面积的比例，作为气孔开放面积指数。

可溶性蛋白质含量的测定：取拟南芥植株地上部分 0.1g，置于预冷的研钵中，加入 1mL 磷酸缓冲液 [50mmol/L，pH 7.8，含 2mmol/L Na_2EDTA 和 1%（W/V）PVP]，冰浴中研磨成匀浆，12 000r/min 冷冻离心 20min，上清液即为提取液。可溶性蛋白质含量的测定用考马斯亮蓝 G-250 染色法，以小牛血清作为标准曲线；丙二醛（MDA）含量测定：用硫代巴比妥酸（TBA）反应法。取拟南芥植株地上部分 0.3g 放入研钵中，加入 5% 三氯乙酸（V/V）3mL 研磨，所得匀浆在 3 000r/min 离心 10min。取上清液 2mL，加 0.67% 硫代巴比妥酸（W/W）2mL，混合后在 100℃ 水浴中煮沸 30min，冷却，3 000r/min 离心 15min，测定上清液在 450nm、532nm 和 600nm 处的吸光度值，根据 $C = 6.45(A_{532} - A_{600}) - 0.56A_{450}$，计算单位鲜重组织中的 MDA 含量（$\mu mol/g$）。

（一）SO₂ 对植物叶片形态的影响

高浓度 SO₂ 暴露对拟南芥成熟叶片的伤害主要是出现叶面伤害斑和叶片枯死，伤害程度与暴露浓度和时间呈正相关，具有不同的表观特征。暴露于 $10mg/m^3$ SO₂ 后叶面无明显伤害斑，连续暴露 14d 后有少数叶片边缘卷曲，并在停止暴露后恢复正常。$30mg/m^3$ SO₂ 暴露的前 4d 无可见伤害，5d 后有 3％的植株、1.6％的叶片出现大小不等的透明斑，随着暴露时间的延长，伤害症状发展为坏死斑，14d 后 40％的植株、4％的叶片出现不规则形黄色坏死斑。暴露于 $90mg/m^3$ SO₂ 的植株，3d 后有 5％的植株、2％的叶片出现不规则形的黄色坏死斑，5d 后全部植株 65％的叶片出现成片的坏死斑，坏死斑的面积随暴露时间的延长而扩大，14d 后枯死叶片占单株总叶数的 80％。拟南芥植株在脱离高浓度 SO₂ 后伤害性斑点不再增加，并能继续生长发育。随着 SO₂ 熏气浓度的增加，对植株的氧化胁迫增强，叶面局部透明斑和坏死斑的出现类似于植物对病原菌的超敏反应，对植株获得系统性抗性具有一定意义（图 2-1）。

对照（5d）　　10mg/m³ 熏气5d　　30mg/m³ 熏气5d　　90mg/m³ 熏气5d

对照（14d）　　10mg/m³ 熏气14d　　30mg/m³ 熏气14d　　90mg/m³ 熏气14d

图 2-1　SO₂ 熏气对拟南芥叶片形态的影响

（二）SO₂ 对拟南芥叶片气孔开放的影响

SO₂ 熏气对植物气孔的影响非常复杂，与植物种类、SO₂ 浓度和熏气时间长短有关。SO₂ 熏气能导致拟南芥叶面气孔开度变小、气孔开放面积指数降低、气孔关闭率提高（图 2-2）。当 SO₂ 浓度为 90mg/m³ 时，气孔开放程度显著降低，气孔开度为对照的 67.1%，气孔开放面积指数为对照的 33.8%，气孔关闭率为对照的 4.21 倍。

大气中的 SO₂ 主要通过气孔进入植物体，气孔在 SO₂ 胁迫调节的生理过程中具有重要作用。拟南芥暴露于 SO₂ 时，叶片气孔开度变小、关闭率提高，气孔开放面积指数降低，使进入植物体的 SO₂ 量减少，以提高植物对环境的耐受性，这是植物对逆境胁迫的一种响应机制。植物吸收 SO₂ 后气孔关闭可能与叶片 ABA 含量增高有关，后者能抑制保卫细胞 H^+/K^+ 交换，促进苹果酸特有的渗漏，导致膨压降低、气孔关闭；此外，SO₂ 诱导产生的 H_2O_2 可以作为信号分子，调节气孔运动和基因表达，如引起胞质 Ca^{2+} 浓度升高，介导气孔关闭。但是，气孔关闭过多也可能影响植株与外界的气体交换，干扰生长发育。

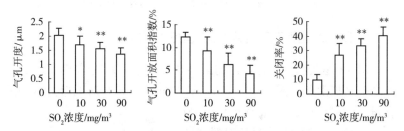

图 2-2　SO₂ 熏气对拟南芥叶片气孔开放的影响

注：* 表示差异显著，** 表示差异极显著；下同。

（三）SO₂ 对拟南芥植株生长发育的影响

SO₂ 熏气对拟南芥植株的生长发育具有双向作用，较低浓度 SO₂

熏气对植株的生长发育有一定的促进作用,高浓度 SO_2 熏气会抑制植株的生长发育,使株高、单株叶片数和单叶面积呈浓度依赖性减少(图 2-3)。浓度为 $10mg/m^3$ 的 SO_2 熏气 14d 后拟南芥植株的平均单叶面积与对照接近,但株高和单株叶片数分别比对照增加了 11% 和 10%,表现出对生长发育的促进作用。相反,$30mg/m^3$ 的 SO_2 熏气后拟南芥的株高、单株叶片数和单叶面积分别为对照的 57%、82% 和 91%,$90mg/m^3 SO_2$ 熏气组的株高、叶片数和单叶面积分别为对照组的 38.9%、68.9% 和 61.4%,显示出明显的抑制效应。

高浓度 SO_2 熏气后,气孔开放面积减少,影响 CO_2 摄入,叶片伤害斑出现使同化面积减小,胞内大量 H_2O_2 使卡尔文循环中的关键酶钝化,抑制植株对 CO_2 的固定,从而导致植株光合作用强度减弱,生长发育受抑制,使株高、单株叶片数和单叶面积降低。

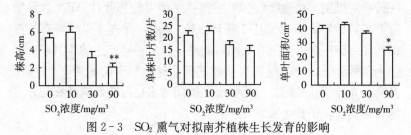

图 2-3　SO_2 熏气对拟南芥植株生长发育的影响

(四) SO_2 对拟南芥叶片 MDA 含量的影响

MDA 是膜脂过氧化作用的最终产物,是膜系统受害的重要指标之一。拟南芥暴露于 $10mg/m^3$ 和 $30mg/m^3$ SO_2 时的叶片 MDA 含量无明显改变,当 SO_2 浓度为 $90mg/m^3$ 时,MDA 含量比对照增加 33.00%,这可能是 SO_2 熏气后,植物体内产生了过量的活性氧,超过抗氧化系统的清除能力,引起氧化损伤,诱发膜脂不饱和脂肪酸降解,产生了过氧化物(图 2-4)。

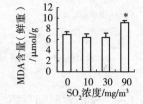

图 2-4　SO_2 熏气对拟南芥叶片 MDA 含量的影响

研究结果表明，拟南芥暴露于 $10mg/m^3 SO_2$ 时，叶面无伤害症状。随着 SO_2 熏气浓度的增加，对植株的氧化胁迫增强，叶面局部透明斑和坏死斑的出现类似于植物对病原菌的超敏反应，对植株获得系统性抗性具有一定意义。此时，MDA含量没有明显变化。当 SO_2 浓度达 $90mg/m^3$ 时，对叶面的伤害增大，MDA含量增加，这可能是 SO_2 熏气后，植物体内产生过量的活性氧，超过抗氧化系统的清除能力，引起氧化损伤，诱发膜脂不饱和脂肪酸降解，产生过氧化物。高浓度 SO_2 熏气后，气孔开放面积减少影响 CO_2 摄入，叶片伤害斑出现使同化面积减小，胞内大量 H_2O_2 使卡尔文循环中的关键酶钝化，抑制植株对 CO_2 的固定，从而导致植株光合作用强度减弱，生长发育受抑制，使株高、单株叶片数和单叶面积降低，可溶性蛋白质含量下降。

总之，低浓度 SO_2 熏气后，拟南芥能通过生理与形态改变适应环境胁迫，如控制气孔开放，并可能通过某种机制使系统获得抗性，提高植物抗逆性。但是，当植株暴露于高浓度 SO_2 时，叶面出现明显可见伤害，植株生长发育抑制，胞内MDA含量增高，可能是由于 SO_2 胁迫时，胞内产生的活性氧超出了抗氧化系统的清除能力，导致细胞氧化损伤，这一推论还有待于进一步的研究。

二、SO₂对植物生理生化指标的影响

拟南芥（*Arabidopsis thaliana* L.）选择 Columbia 生态型（Col-0），取4周龄的拟南芥植株，设置4个处理（$0mg/m^3$、$2.5mg/m^3$、$10mg/m^3$、$30mg/m^3$），在熏气前 1d 将植株移入熏气箱中适应箱内环境，之后连续熏气，在熏气 6h、24h、72h 和 120h 后测定各项生理指标。取拟南芥叶片 0.25g，置预冷的研钵中，加入 1.5mL 磷酸缓冲液（50mmol/L，pH 7.8，含 2mmol/L Na_2EDTA 和 1% PVP），冰浴中研磨成匀浆，12 000r/min 冷冻离心 20min，上清液即为粗酶提取液，用于 O_2^- 产生速率、SOD、POD、CAT 和 GPX 活性检测。O_2^- 产生速率和 H_2O_2 含量的测定采用比色法。CAT 活性测定

用紫外吸收法，POD 活性测定用愈创木酚氧化法，SOD 活性测定用氮蓝四唑 NBT 光化还原法，以每分钟内抑制光还原 NBT 50％为 1 个酶活单位。

（一）SO_2 对植物 O_2^- 产生速率和 H_2O_2 含量的影响

SO_2 熏气导致拟南芥叶组织中 O_2^- 产生速率增大，胁迫组的 O_2^- 产生速率随浓度和时间依赖性增高（表 2 - 1），高浓度或长时间暴露后细胞具有较高的 O_2^- 产生速率，于胞内积累较多的 SO_3^{2-}，导致 $SO_3^{2-} \rightarrow SO_4^{2-}$ 的氧化过程增强。SO_2 熏气引起 H_2O_2 含量的增高（表 2 - 2），但增幅低于 O_2^- 产率增幅，且 $2.5mg/m^3$ 和 $10mg/m^3$ 组的增幅较小。结果表明，SO_2 熏气能引起拟南芥细胞内 O_2^- 产生速率提高、H_2O_2 含量增高，熏气期间细胞具有较高的活性氧生成率，会导致细胞的氧化胁迫。

表 2 - 1 SO_2 熏气对拟南芥叶片 O_2^- 产生速率的影响

浓度	O_2^- 产生速率 $[nmol/(g \cdot min)]$			
(mg/m^3)	6h	24h	72h	120h
对照	5.27 ± 1.32^a	5.65 ± 1.06^a	5.13 ± 0.06^a	5.23 ± 0.08^a
2.5	5.70 ± 0.42^a	6.38 ± 1.13^a	7.16 ± 0.08^b	5.73 ± 0.18^a
10	5.66 ± 0.73^a	7.28 ± 0.65^b	8.15 ± 0.70^b	4.12 ± 0.07^b
30	6.08 ± 0.42^b	8.02 ± 1.10^b	9.75 ± 0.18^c	4.83 ± 0.91^{ab}

表 2 - 2 SO_2 熏气对拟南芥叶片 H_2O_2 含量的影响

浓度	H_2O_2 含量 $(\mu mol/g)$			
(mg/m^3)	6h	24h	72h	120h
对照	6.01 ± 0.83^a	5.45 ± 0.20^a	6.13 ± 0.74^a	6.03 ± 0.84^a
2.5	5.86 ± 0.09^a	5.64 ± 0.07^a	7.28 ± 0.52^a	5.60 ± 0.53^a
10	6.56 ± 0.93^a	6.30 ± 0.42^b	6.58 ± 1.06^a	5.75 ± 1.06^a
30	6.93 ± 0.14^a	5.86 ± 0.02^a	7.98 ± 0.11^a	6.58 ± 0.78^a

注：各处理组间相同字母表示无显著差异，不同字母表示 $p < 0.05$，差异显著，下同。

SO_2 胁迫时，气孔关闭，叶绿体利用 CO_2 的能力受到限制，能耗降低，光合电子传递到 O_2 的比例相对增加，因而可形成各种形式的活性氧。此外，逆境胁迫亦可影响呼吸电子传递链的活性，在线粒体呼吸时有两个位点，即 NADH - 黄素蛋白和 UbQ-Cytb 可进行分子氧的单电子还原生成 O_2^- 和 H_2O_2。同时，较多的 SO_2 进入植物细胞内，促进胞内 $SO_3^{2-} \rightarrow SO_4^{2-}$ 氧化过程，提高了超氧阴离子的产生速率，使胞内 O_2^- 和 H_2O_2 等活性氧自由基含量增高。活性氧可以作为细胞信号分子，诱导生物体内部分基因的表达。由于 H_2O_2 具有稳定性和较长的半衰期，在植物和哺乳动物细胞中具有胁迫信号的作用，能通过蛋白激酶 MAPK 途径或其他方式影响转录因子活性，调节相关防护基因的表达（郝林等，2005），介导细胞对环境胁迫的应答。

（二）SO_2 对植物 SOD、POD 和 CAT 活性的影响

SO_2 熏气导致拟南芥叶细胞保护酶 POD 活性显著提高（图 2 - 5），POD 活性在胁迫 6h 后增幅较大，72h 后胁迫组的 POD 活性与对照的差异缩小，但在胁迫 120h 后仍显著高于对照。SOD 和 CAT 活性的诱导需要较高的 SO_2 浓度或较长的作用时间。SOD 活性最先在 $30mg/m^3$ SO_2 组被诱导，之后 $10mg/m^3$ 组诱导性增高，在胁迫 72h 后 $2.5mg/m^3$ 组的 SOD 活性提高，120h 后胁迫组的 SOD 活性显著降低。$2.5mg/m^3$ 和 $10mg/m^3$ SO_2 熏气 72h 后 CAT 活性有所增高，但前期无明显改变；$30mg/m^3$ SO_2 熏气初期 CAT 活性略高于对照，72h 后低于对照，在胁迫 120h 后显著降低。CAT 和 POD 都具有清除胞内 H_2O_2 的能力，CAT 对 SO_2 熏气相对不敏感，POD 对 SO_2 胁迫的反应敏感而迅速，并在熏气期间维持较高水平，在 SO_2 胁迫生理中发挥了重要作用。

活性氧可以作为细胞信号分子，诱导生物体内部分基因的表达。由于 H_2O_2 具有稳定性和较长的半衰期，在植物和哺乳动物细胞中具有胁迫信号作用，能通过蛋白激酶 MAPK 途径或其他方式影响转录因子活性，调节相关防护基因的表达，介导细胞对环境胁

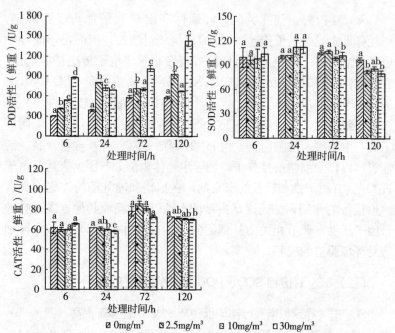

图 2-5　SO₂ 熏气对拟南芥叶片 SOD、POD 和 CAT 活性的影响

迫的应答。本研究检测到 SO_2 熏气后拟南芥胞内 O_2^-、H_2O_2 的增加，保护酶活性改变，表明了 SO_2 胁迫诱导了活性氧爆发（oxidative burst）并对植物抗氧化系统造成影响，证明了高浓度 SO_2 暴露对植物产生了氧化胁迫，并为 SO_2 胁迫后 H_2O_2 可能作为信号分子参与植株对胁迫的适应过程提供了实验证据。

　　细胞中活性氧增加，可介导保护酶等与逆境生理相关的基因表达增强，后者反过来影响胞内的活性氧含量。SO_2 胁迫后 O_2^- 产率的增加诱导拟南芥 SOD 活性上升，SOD 将 O_2^- 歧化为 H_2O_2 和 O_2，CAT、POD 可催化 H_2O_2 转变为 H_2O 和 O_2。在细胞抗氧化系统中酶和非酶分子（GSH、抗坏血酸、胡萝卜素、维生素 E 等）的协调作用下，胞内过量的活性氧被清除；但高浓度 SO_2 长时间胁迫时，胞内活性氧不能及时清除，使 SOD 氧化失活，理化性质及结构发生变化转变为疏水型，被蛋白质水解酶特异地识别并降解。

过量的 H_2O_2 还可使 CuZnSOD 中的 Cu、Zn 丢失（Drazkiewicz et al.，2007），导致 SOD 活性下降，细胞中存在低活性或无活性 SOD，可能与活性氧有关。H_2O_2 还可与过量的 O_2^- 生成毒性更强的 · OH，损伤蛋白质和 DNA 等生物大分子，导致染色体结构和行为异常，抑制 CAT 活性，从而引起细胞生理活动紊乱，植株生长发育异常（仪慧兰等，2007）。

三、SO₂ 对植物体内含硫化合物水平的影响

植物吸收环境中的无机硫之后，经过硫还原和同化途径合成半胱氨酸（Cys）。O-乙酰丝氨酸（硫醇）裂解酶（OAS-TL）是硫同化的关键酶之一，催化 Cys 合成的最后一步反应。Cys 可进一步转化成其他含硫氨基酸、多肽和蛋白质等物质，如谷胱甘肽（GSH）等含硫抗氧化物。GSH 是细胞正常代谢和氧化胁迫时胞内过氧化物的有效清除剂，是抗氧化系统的重要成分之一。研究表明，转入 *OAS-TL* 基因的烟草植株，Cys 和 GSH 含量增加，对重金属镉、硫化氢及 SO₂ 的耐受力增强。*OAS-TL* 基因敲除的拟南芥突变体中 Cys 和 GSH 含量降低，细胞清除活性氧（ROS）的能力降低，H_2O_2 自身平衡被打破，诱导多个生理响应基因的转录水平改变，对重金属镉（Cd）的敏感性增加。本试验以模式植物拟南芥为材料，研究 SO₂ 熏气对植株 Cys 和 GSH 含量的影响，并检测相关防御酶活性，旨在探讨植物对 SO₂ 胁迫的响应机制，为研究抗逆机理提供基础。

取 250mg 拟南芥叶片，加 1mL 20mM Tris-HCl（pH 8.0），冰浴中研磨成匀浆，12 000r/min 冷冻离心 20min，上清液即为粗酶提取液，用于 Cys 含量和 OAS-TL 活性的检测。Cys 含量测定：取 500μL 提取液加入等体积酸性-茚三酮（250mg 茚三酮溶于 6mL 醋酸和 4mL 盐酸）和等体积醋酸，95℃保温 10min，流水冷却后，加入等体积冷的无水乙醇，560nm 测其吸光值。用同样的方法以 Cys 作标准曲线，计算 Cys 含量；OAS-TL 活性测定：250μL 反应体系含 100mmol/L 磷酸缓冲液（pH 7.5），5mmol/L DTT，10mmol/L O-

乙酰丝氨酸，2mmol/L Na$_2$S，加入 Na$_2$S 和 0.01μg 酶使反应开始，25℃保温 10min，加 50μL 20％ TCA 终止反应，12 000r/min 4℃离心 10min。取 250μL 上清液测定 Cys 含量，用每克拟南芥鲜重中 Cys 的含量（μmol）表示 OAS-TL 活性。

GST 活性的测定参照 Habig 等的 CDNB 比色法。GSH 含量的测定参照 Ellman 方法，用 3％ TCA（0.3mmol/L Na$_2$EDTA 配制）研磨提取，以 5,5′-2 二硫代双（2-硝基苯甲酸）显色，于 412nm 处测 OD 值，同时以 GSH 做标准曲线，计算 GSH 含量；GPX 活性测定采用 DTNB 直接法，以 H$_2$O$_2$ 为底物，DTNB 显色 5min，于 412nm 处测定光吸收变化表示酶活性。

（一）SO$_2$ 对植物 OAS-TL 活性和 Cys 含量的影响

SO$_2$ 熏气后，拟南芥叶细胞（鲜重）OAS-TL 活性提高，Cys 含量显著增加（图 2-6）。熏气 6～72h 时，Cys 含量随 SO$_2$ 胁迫时间的延长而不断提高，并与 SO$_2$ 浓度呈极显著正相关（$r=$ 0.895～0.964），各处理组 OAS-TL 活性在熏气 6～24h 时都显著提高，并与 SO$_2$ 浓度呈极显著正相关（$r=0.921～0.927$），胁迫 72h 时，2.5mg/m^3 组 OAS-TL 活性仍显著提高，10mg/m^3 组增幅降低，30mg/m^3 组与对照接近。胁迫 120h 后各处理组的 OAS-TL 活性呈浓度依赖性降低，这时 Cys 含量仍显著高于对照。

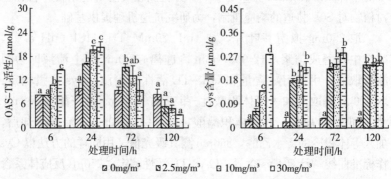

图 2-6　SO$_2$ 熏气对拟南芥叶细胞 OAS-TL 活性和 Cys 含量的影响

（二）SO₂ 对植物 GSH 含量、GPX 和 GST 活性的影响

SO₂ 熏气导致拟南芥叶细胞抗氧化物质 GSH 含量增大，保护酶 GPX 活性显著提高（图 2 - 7）。SO₂ 熏气 6h 后，叶片 GSH 含量及 GPX 活性迅即提高，并与 SO₂ 浓度呈极显著正相关，说明 SO₂ 胁迫后 GSH 及相关的保护酶在植物逆境生理中发挥了重要作用，并有可能作为指示 SO₂ 胁迫的生物学指标。GSH 含量和 GPX 活性在 SO₂ 熏气 6h 和 24h 时都维持较大增幅，SO₂ 熏气 72h 后胁迫组的 GSH 含量与对照的差异缩小，但仍显著高于对照，而 GPX 活性仍维持较高水平。胁迫 120h 后 GPX 活性和 GSH 含量均下降，GPX 活性低于对照，说明随着 SO₂ 暴露时间的延长，胁迫作用不断加强，植物的抗氧化能力降低。

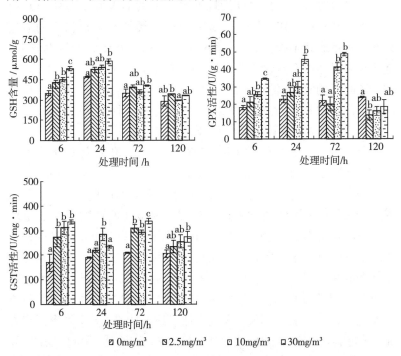

图 2 - 7　SO₂ 熏气对拟南芥叶片 GSH 含量、GPX 和 GST 活性的影响

SO_2 熏气后，叶片 GST 活性显著提高。熏气 6h 时，GST 活性增幅最大，并与 SO_2 浓度呈极显著正相关，在熏气期间一直维持较高水平，SO_2 胁迫 120h 后各处理组 GST 活性增幅降低，但仍高于对照，说明 SO_2 胁迫后，GST 保护酶在植物逆境生理中发挥了重要作用。

（三）植物体内含硫化合物对 SO_2 胁迫的响应

SO_2 进入植物细胞后，体内的硫代谢增强，OAS-TL 活性提高，Cys 含量增加。Cys 的增加可以促进 GSH 的合成，而 GSH 是清除活性氧的还原剂，在氧化应激过程具有重要作用，并且对基因表达具有调节作用，可以调控一些保护基因的表达，如 Cys 和 GSH 可以通过调控细胞氧化还原状态来调节 CuZnSOD 基因的表达。仪慧兰等（2007）研究发现外源 Cys 的加入可以提高 SO_2 胁迫下大麦叶片中 GSH 含量和 SOD 活性，缓解 SO_2 对植物的氧化损伤。过量表达半胱氨酸合成酶的转基因烟草在受到 SO_2 胁迫时，胞浆和叶绿体内 Cys 和 GSH 含量明显增加，而活性氧含量降低，减少了叶内的氧化损伤，细胞中 CuZnSOD 基因高水平表达，SOD 活性较高，增强了对 SO_2 诱导的氧化应激。因此，OAS-TL 活性提高，Cys 合成增强可能会减轻 SO_2 对植物的伤害。

研究表明，加入外源 Cys 能提高 SO_2 胁迫下大麦叶片中的 GSH 含量，缓解 SO_2 对植株的氧化损伤。SO_2 胁迫时 GSH 的合成增加可能与胁迫时胞内活性氧的增加有关，而同期植株吸收了较多的 SO_2，促进了体内的硫还原过程，使硫还原产物 Cys 含量增高，也能带动 GSH 的合成增加（Kopriva，2006）。GSH 是一种重要的水溶性抗氧化物质，可直接使一些 ROS 还原，在细胞氧化还原状态的调节中起关键作用，又可作为 GPX 和 GST 的底物在 ROS 的清除中发挥重要作用，通过多种方式参与植物对环境胁迫的响应，在胁迫后期 GSH 含量降低，这可能是 GSH 的更新需要充足的能量和物质供应来维持（GSSG 还原为 GSH，需消耗 NADPH），所以，如果胁迫强度进一步加强，能量供应不足，将导致 GSH 含量下降。

　　植物胞内 GSH 增多还能促进 GPX 活性提高，共同维持细胞氧化还原状态。GPX 是含有巯基的过氧化物酶类，能将脂质过氧化物和 H_2O_2 还原成相应的醇和水。但 O_2^- 可攻击 GPX 活性中心的巯基（由半胱氨酸提供）和邻近的硒元素，使 GPX 由还原型转变为氧化型而失活。随 SO₂ 胁迫时间的延长，GSH 大量减少，不足以保护 GPX 的巯基，从而导致 GPX 氧化失活；另一方面也可能是 SO₂ 体内衍生物——亚硫酸钠和亚硫酸氢钠，与 GPX 活性中心的半胱氨酸残基直接反应形成 S-磺化半胱氨酸残基，使 GPX 催化活性下降。GST 是动物细胞中的二相解毒酶，已发现在植物逆境胁迫时能诱导表达。GST 催化 GSH 与亲电子物质的结合，不仅能够使内源有害物质（如膜脂过氧化断裂产物和 DNA 羟过氧化物）脱毒，而且能够使亲电子生物异型物质和反应中间物质脱毒，参与植物对氧化胁迫的抵抗。SO₂ 熏气诱导 GST 活性显著增加，可能与 SO₂ 暴露后拟南芥细胞中产生了某些有毒代谢物有关，GST 活性增高有利于植物细胞尽快排除胞内产生的有毒代谢产物。研究发现，拟南芥 *GST6* 的启动子中存在有与哺乳动物细胞 NF-kB 序列中 H_2O_2 作用元件相似的序列；外源 H_2O_2 处理拟南芥叶肉原生质体，可激活 MAPK 的上游因子，触发 MAPK 级联的信号传递，诱导 GST 基因表达。由此推测，SO₂ 暴露后产生的 H_2O_2 可能作为细胞信号分子，诱导拟南芥 GST 活性提高。

　　总之，SO₂ 熏气诱导拟南芥硫同化关键酶 OAS-TL 活性增强，促进了植株中硫的同化过程，使 Cys 和 GSH 含量增加，GSH-PX 和 GST 酶活性提高，这些含硫物质对提高植株的逆境适应性，维持逆境条件下细胞的生理状态发挥了重要作用，对其进一步研究将有助于揭示植物的逆境生理机制，为进一步提高植物的抗逆性奠定基础。

四、SO₂ 对植物保护酶同工酶谱的影响

　　植物体内的保护酶是决定植物细胞对 SO₂ 抗性的关键因素，

SOD、POD 和 CAT 是抗氧化系统中重要的保护酶，均具有多种同工酶形式，并在不同的发育阶段呈现出不同特征，对不同胁迫处理的反应也不一样。O_3、SO_2 和 UV 对烟草多种 SOD、CAT 等保护酶基因表达的影响，发现有些 SOD 和 CAT 基因被诱导，而有些被抑制。保护酶能清除机体内的活性氧，维持植物胞内活性氧产生与猝灭的动态平衡，减轻活性氧对细胞的伤害，以利于植物在逆境中生存。以保护酶活性为指标，研究植物对 SO_2 胁迫反应的报道较多，但对同工酶的研究并不多见。同工酶是指催化特性相同而分子结构不同的酶蛋白，是为了适应细胞代谢的多方面要求而在长期进化过程中形成的，这些同工酶形式在不同植物或在同一植物的不同生育期对不同方式和强度的逆境胁迫反应可能不尽一致，按照一个基因编码一个同工酶亚基的理论，可以从同工酶表现型变化推测其基因型的变化，这显然优于某些形态学指标，人们把它看作是基因和性状的联结物，把同工酶分析方法作为研究基因-酶-性状的新技术。

本实验利用 3 周龄和 4 周龄拟南芥植株为材料研究 SO_2 胁迫下不同苗龄拟南芥叶片 SOD、CAT 和 POD 的同工酶谱带的变化，探讨 SO_2 胁迫对拟南芥保护酶基因表达的影响，进一步阐明保护酶在提高植物对 SO_2 抗性中的作用。

（一）SO_2 对植物 SOD 同工酶谱的影响

SO_2 熏气后，拟南芥叶片 SOD 同工酶电泳结果见图 2-8。结果表明，拟南芥叶细胞中共有 7 条 SOD 同工酶谱带，5mmol/L H_2O_2 处理不影响谱带 1 活性，其余谱带均可被 H_2O_2 抑制。由于 H_2O_2 处理能抑制 FeSOD 和 CuZnSOD 活性，MnSOD 不受影响，可知谱带 1 为 MnSOD。与 3 周龄拟南芥苗相比，4 周龄苗 SOD 同工酶谱带 3 表达减弱，谱带 4 和 7 表达增强。

从图 2-8 可以看出，SO_2 熏气后，3 周龄拟南芥苗 SOD 同工酶谱带强度增加，还诱导出一些新谱带。$2.5mg/m^3$ SO_2 熏气 6h 和 $30mg/m^3$ SO_2 熏气 72h 时出现谱带 7，$10mg/m^3$ SO_2 和 $30mg/m^3$

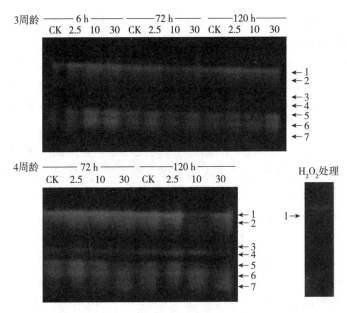

图 2-8　SO₂ 熏气后拟南芥叶片 SOD 同工酶谱

注：CK 对照；2.5、10、30 指 SO₂ 浓度 2.5mg/m³、10mg/m³ 和 30mg/m³，下同。

SO₂ 熏气 6h 出现谱带 4。4 周龄拟南芥苗在 SO₂ 熏气 72h 时，SOD 同工酶谱带强度增加，2.5mg/m³ 处理组诱导所有 SOD 同工酶谱带强度显著增加，30mg/m³ 处理组谱带 2 和 7 强度增加。SO₂ 熏气 120h 时，SOD 同工酶谱带强度减弱，2.5mg/m³ 处理组谱带 7 强度减弱，10mg/m³ SO₂ 处理组谱带 1、2 和 5 强度明显减弱，30mg/m³ 处理组谱带 4、5 和 6 强度减弱。

SO₂ 熏气后，SOD 同工酶不同谱带对 SO₂ 具有不同的响应特征，对不同苗龄拟南芥苗 SOD 同工酶的影响也不同。此外，SO₂ 暴露 72h 后 SOD 同工酶谱带特征与 120h 的对照组非常接近，说明 SO₂ 胁迫处理与植株老化过程中 SOD 同工酶的变化相似。

（二）SO₂ 对植物 CAT 同工酶谱的影响

SO₂ 熏气后，拟南芥叶片 CAT 同工酶电泳结果见图 2-9。拟南芥基因组中有 3 个 CAT 基因，CAT1 在拟南芥种子和花中比较多，发育晚期（8—10 周）叶片中才出现，本实验中拟南芥叶细胞只有 CAT2 和 CAT3 谱带，中间还有一些异构体。与 3 周龄拟南芥苗相比，4 周龄苗叶细胞中 CAT3 表达增加，CAT2 表达减少。

3 周龄拟南芥苗在 SO_2 熏气 6h 后，叶细胞 CAT 同工酶谱带亮度增加，其中 $2.5mg/m^3$ 处理组谱带亮度显著增加。SO_2 熏气 72h 和 120h 后，$2.5mg/m^3$ 处理组谱带亮度增加，其余两胁迫组谱带亮度和宽度都逐渐减小，CAT3 谱带几乎消失。4 周龄苗 SO_2 熏气 72h 后，$30mg/m^3$ 处理组 CAT3 谱带亮度显著降低，CAT2 谱带宽度和亮度都显著减小。SO_2 熏气 120h 后，谱带亮度和宽度都显著降低，CAT3 谱带几乎消失。

可见，SO_2 熏气对 3 周龄和 4 周龄拟南芥苗叶细胞 CAT 同工酶特征的影响相似。SO_2 熏气前期，CAT 同工酶活性增强，随暴露时间的延长和 SO_2 浓度的增加，CAT 同工酶的活性逐渐降低。

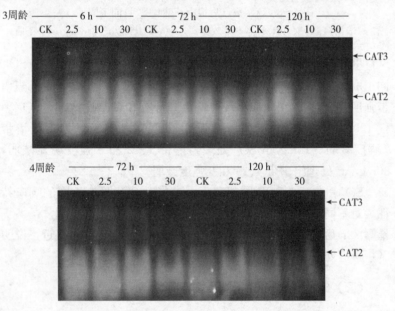

图 2-9　SO_2 熏气后拟南芥叶片 CAT 同工酶谱

（三）SO₂ 对植物 POD 同工酶谱带的影响

SO₂ 熏气后，拟南芥叶片 POD 同工酶电泳结果见图 2-10，凝胶中显示了谱带颜色的深浅和面积的大小，说明了 POD 同工酶活性的高低。拟南芥叶细胞中 POD 同工酶谱带主要分为 3 条，谱带 2 和 3 表达量丰富，谱带 1 在前期的表达较少，3 条谱带强度均随苗龄的增加而增强，4 周龄植株拟南芥叶细胞 POD 同工酶活性明显高于 3 周龄植株。SO₂ 熏气后，POD 同工酶活性的变化较复杂，与苗龄、SO₂ 暴露浓度大小和熏气时间长短有关。

SO₂ 熏气 6h 后，3 周龄胁迫组 POD 同工酶活性减弱，4 周龄

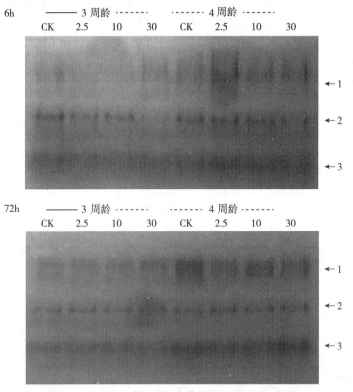

图 2-10　SO₂ 熏气后拟南芥叶片 POD 同工酶谱

胁迫组 POD 同工酶活性增加。SO_2 熏气 72h 后，3 周龄胁迫组 POD 同工酶活性随 SO_2 浓度增加而增强，4 周龄胁迫组变化比较复杂，谱带 1 强度减弱，谱带 2 和 3 强度有所增加。

(四) 植物保护酶同工酶对 SO_2 胁迫的响应

拟南芥在不同的生长发育阶段，保护酶同工酶的表达有着较大差异。SOD 和 POD 同工酶表达随苗龄的增加而增强，而 CAT 同工酶表达随苗龄的增加而减弱。CAT 和 POD 是植物体内清除 H_2O_2 的重要保护酶，对 H_2O_2 的亲和性不同，在拟南芥生长发育过程中，CAT 和 POD 同工酶特征的变化不同，这是特定阶段生理有不同的特殊需求和分工不同的结果，反映出各发育阶段细胞生理代谢的不同。SO_2 熏气后，保护酶 SOD、CAT 和 POD 等均表现出一种应急反应，这种因应急而产生的活性变化在同工酶谱中得到了体现，酶带颜色深浅、亮度和宽度均发生不同程度的改变。在 SO_2 胁迫前期及低浓度 SO_2 作用下，拟南芥植株中保护酶同工酶表达增强，活性提高；SO_2 浓度增加或长时间胁迫下，产生大量的 ROS，形成一系列的脂质过氧化产物，导致保护酶的结构和功能均受到相应的破坏，同工酶表达减弱，酶活性降低。

研究表明，SOD 同工酶谱带 4 和谱带 7 只有在植株发育到一定阶段或 SO_2 熏气后才表达。根据已报道的拟南芥 SOD 同工酶特征和鉴定显示结果，谱带 1 为 MnSOD（2.3 万 Da），谱带 2 为 FeSOD（2.2 万 Da），迁移最快的谱带为 CuZnSOD1（1.5 万 Da），其中 FeSOD 主要在叶绿体中，MnSOD 主要存在于线粒体，CuZnSOD 主要在细胞质，不同胁迫因子使各个亚细胞遭受氧化胁迫的程度不同，导致了各种 SOD 基因表达的差异。另外，不同 SOD 同工酶它们的蛋白质分子结构不相同，在生理生化性质上也存在差异，可能具有不同的抗氧化功能，存在独立的、胁迫特异性，所以对 SO_2 的反应也各不相同。SO_2 熏气后，细胞质 CuZnSOD 和叶绿体 FeSOD 的活性诱导性增强，而位于线粒体的 MnSOD 活性对胁迫不太敏感，说明拟南芥线粒体和叶绿体对 SO_2

熏气具不同响应。拟南芥暴露于 O$_3$ 或 UV-B 时，细胞质中 CuZnSOD1 的 mRNA 和蛋白很快被诱导，而 MnSOD 的 mRNA、蛋白质和酶活性的变化都是最小的，与本实验结果一致。

SOD 同工酶谱带 4 和谱带 7 随苗龄增加和 SO$_2$ 熏气而表达增强，胁迫组与后期对照组各种同工酶谱带特征的相似性，说明 SO$_2$ 胁迫与植株老化对保护酶表达具有相似的诱导机制。胁迫组的 SOD、CAT 和 POD 同工酶的应急反应及谱带特征的变异幅度与该组的 O$_2^-$ 生成速率和 H$_2$O$_2$ 含量变化相对应，表明了活性氧对保护酶基因表达的诱导作用；也预示了期间可能存在的某种信号途径，这有待于深入研究。

五、小结

SO$_2$ 熏气后，拟南芥叶片气孔开度降低，低浓度 SO$_2$ 熏气对植株的生长发育有一定的促进作用，高浓度 SO$_2$ 熏气时，叶面出现明显可见伤害，植株生长发育受抑制，可溶性蛋白含量减少，胞内 MDA 含量增高。

SO$_2$ 熏气后，拟南芥叶片中活性氧 O$_2^-$ 产生速率和 H$_2$O$_2$ 含量增高，诱导保护酶 SOD、CAT、POD、GPX、GST 活性和 GSH 含量发生明显变化。其中 GSH、GPX、GST 和 POD 对 SO$_2$ 胁迫的反应敏感而迅速，并且其含量在熏气期间维持了较高水平，在 SO$_2$ 胁迫过程中发挥了重要作用。SOD 和 CAT 活性的诱导需要较高的 SO$_2$ 浓度或较长的作用时间，在 SO$_2$ 胁迫后期活性被抑制。SO$_2$ 熏气后拟南芥叶细胞中 OAS-TL 活性提高，Cys 含量增加，表现出对硫代谢的促进作用；Cys 合成增加促进胞内 GSH 合成，使 GSH 含量提高，进而导致相关酶 GPX 和 GST 活性提高。

SO$_2$ 熏气时，拟南芥叶片中 SOD、CAT 和 POD 同工酶谱带亮度和宽度均发生不同程度的改变。3 周龄与 4 周龄拟南芥叶片 CAT 同工酶对 SO$_2$ 熏气的反应基本一致，在 SO$_2$ 熏气前期谱带亮度增加，熏气 120h 后谱带亮度减弱。SOD 和 POD 同工酶谱带特

征随 SO_2 浓度及熏气时间长短发生变化，3 周龄与 4 周龄苗对 SO_2 熏气的响应也不同。

总之，SO_2 熏气后拟南芥叶细胞中活性氧含量增加，多个保护酶活性和同工酶谱发生明显变化，其中 GSH、POD、GPX 和 GST 有效清除胁迫产生的活性氧和有毒物质，维持体内氧化还原状态稳定，在提高植物对 SO_2 抗性过程中发挥了重要作用。

第三章 SO₂ 胁迫
诱导植物防御基因差异表达

  SO_2 是一种常见的全球性大气污染物，环境中高浓度的 SO_2 对植物产生毒害作用，能破坏叶绿体结构，分解叶绿素，导致叶片失绿或坏死，抑制光合作用，影响植物的生长发育。在长期进化过程中，植物体内形成了一系列复杂的防御机制来保护自己。其中，基因表达的转录调节在植物应答环境信号刺激的反应过程中起着重要的作用。SO_2 胁迫可诱导植物抗氧化系统活性增高，使超氧化物歧化酶（SOD）、抗坏血酸过氧化物酶（APX）、谷胱甘肽过氧化物酶（GPX）等基因表达水平和酶活性提高。但目前为止，植物对胁迫响应的分子调节机制尚不清楚。

  研究表明，植物对逆境胁迫的抵御和适应涉及大量基因的调控作用，包括直接参与代谢与生理过程的基因以及一些调节基因，它们相互协调，通过各种信号转导途径调节植物的胁迫应答。因此，抗逆机理的研究有必要开展全基因组水平的基因表达分析，通过对比胁迫诱导植株和正常植株的基因表达寻找与抗逆相关的应答基因，从而揭示植物响应逆境的分子机理。基因芯片是新近出现的一种高通量分析技术，能够对整个基因组范围的基因表达进行分析，根据基因表达谱可系统、全面地获得大量基因在 mRNA 水平的表达信息，通过比较不同个体或物种之间或同一个体在不同生长发育阶段、正常和逆境状态下基因表达谱差异，还可寻找、发现和定位新的目的基因。目前基因芯片技术因其高通量的全基因组的检测能力，已广泛应用于植物生长发育、产量和品质、生物和非生物胁迫响应等各个研究领域。国内外学者用芯片技术研究了逆境胁迫下一些植物基因的表达变化，如检测了小麦、水稻、棉花等在干旱、盐或病原菌感染等胁迫下基因的差异表达，并获得了理想的结果。利用 Affymetrix 公司拟南芥 ATH1 寡聚核苷酸芯片，对 SO_2 胁迫后拟南芥基因表达谱进行系统分析，获取在 SO_2 胁迫条件下的差异表达基因，从转录水平上揭示植物对逆境适应的分子机制。

拟南芥作为模式植物已广泛用于遗传学和分子生物学研究，随着其基因组测序的完成和大量基因突变株的获得，对逆境胁迫下基因表达情况的研究也越来越多（仪慧兰等，2009）。本研究中利用 Affymetrix 公司拟南芥 ATH1 寡聚核苷酸芯片，对 $30mg/m^3$ SO_2 胁迫后拟南芥基因表达谱进行系统分析，获取在 SO_2 胁迫条件下的差异表达基因，从转录水平上探讨植物对逆境适应的分子调节机制。

一、SO_2 暴露诱导植物基因差异表达

取 4 周龄的拟南芥植株，采用体积 $0.512m^3$ 的密闭箱静态熏气，保持 SO_2 浓度为（30 ± 2）mg/m^3，在熏气 6h、24h、72h 和 120h 后分别取植株地上部分用于基因表达谱和 RT-PCR 的分析。

试验所采用的芯片是 Affymetrix 公司的拟南芥 ATH1 寡核苷酸芯片，该芯片共包含 22 810 个探针，覆盖拟南芥全基因组 80% 以上的基因。用 Trizol 试剂提取对照组和处理组拟南芥植株地上组织的 RNA，并经 QIAGEN RNeasy Total RNA Isolation kit 纯化后溶解于无 RNA 酶的水中，保存于 $-80℃$ 待用。所得 RNA 样品的纯度用甲醛变性琼脂糖凝胶电泳检测。用 SuperScript Ⅱ 反转录酶及 T7‑Oligo（dT）$_{24}$ 进行 cDNA 的合成，体外转录按照 RNA Transcript Labeling Kit（Affymetrix）说明书进行，同时进行生物素标记合成 cRNA 探针。质检合格的样品可以进行杂交、洗涤及检测，最后进行数据分析。以处理组与对照组信号比值的 $\log_2 R$ 值表示胁迫处理后转录水平的改变（$\log_2 R=1$ 时，$R=2$），R 值为正表示表达上调，R 值为负表示表达下调。使用生物信息学工具分析基因表达谱数据：①使用 Mapman 2.1.1 软件对 SO_2 胁迫后拟南芥基因表达谱中差异表达的基因进行分析。②使用 HCE3.5 软

件对非生物胁迫基因表达谱数据进行聚类分析。

（一）基因芯片检测差异表达基因

根据 SO_2 胁迫对拟南芥植株生理生化和形态指标的影响，选择 $30mg/m^3 SO_2$ 熏气 72h 后进行基因芯片检测，该处理足以引起细胞的生理防御，利用该处理可研究植物对逆境胁迫的适应机制。在 22 810 个探针中，共检出差异表达基因 2 780 个，在 SO_2 胁迫组中表达但对照组中不表达的基因（诱导基因）有 126 个，对照组中表达而胁迫组中不表达的基因（沉默基因）有 108 个。DNA 甲基化引起染色质结构改变，形成不利于 RNA 聚合酶结合的结构，是导致基因转录沉默的原因之一。芯片检测结果显示，SO_2 胁迫诱导胞嘧啶甲基转移酶表达改变，可能与一些基因的转录水平改变有关，有必要开展进一步的研究。

对基因表达谱进行分析，在全基因组中共检出差异表达 2 倍以上的基因 494 个，占差异表达基因的 17.77%，其中上调表达的基因 220 个，下调表达的基因 274 个。通过 TAIR 和 NCBI 检索相关基因信息，根据 Gene Ontology（GO）分类法则并结合实际情况进行微调整，对这 494 个基因进行了初步功能分类。结果发现，这些差异表达基因可分为 13 类（图 3-1），涉及植物生长发育的各个过程，主要包括新陈代谢（189 个）、结合（177 个）、转录调控（74 个）、结构分子（55 个）、信号转导（53 个）、物质运输（39个）等，还有一些功能未知的基因*。

SO_2 熏气诱导多个与胁迫生理相关基因差异表达，一些具有防护功能的基因如抗氧化酶（SOD、POD、GPX）、细胞色素 P450、热激蛋白等的基因表达上调（表 3-1）。此外，细胞防御相关的基因如病程相关蛋白、苯丙烷类代谢途径及与细胞壁防护相关基因转录水平提高。SO_2 胁迫组中细胞钙信号途径、激酶信号途径、激素（乙烯、生长素）信号途径、活性氧信号途径相关的多个基因激活，

---

* 一个基因能参与不止一个生物学过程，此处存在重复归类。——编者注

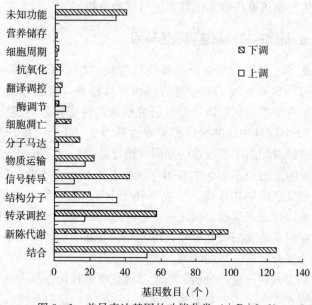

图 3-1　差异表达基因的功能分类（｜R｜≥2）

说明 SO₂ 胁迫时多种信号途径参与了拟南芥对胁迫的应答，通过多种途径的协调作用，使植物获得系统抗性，表现出对多种环境胁迫的交叉适应性增强。由此可以看出，SO₂ 胁迫后，拟南芥细胞能通过对相关基因转录水平的调整，调控逆境生理（蛋白表达、酶活性、物质代谢等）过程，影响细胞代谢和植株形态结构，全面提高植株对逆境胁迫的适应性。

表 3-1　SO₂ 胁迫后上调表达超过 2 倍的部分防御基因（$R \geqslant 2$）

基因功能	ID	基因名称	变化倍数
乙烯信号途径	At5g59530	ACC 氧化酶	2.1
	At5g61590	乙烯应答元件结合蛋白	2.8
	At1g06160	乙烯应答因子（*ERF*）	2.8
生长素信号途径	At5g50760	生长素应答蛋白	2.3
	At4g34770	生长素应答蛋白	2.3
	At4g32280	生长素诱导转录因子	2.3

（续）

基因功能	ID	基因名称	变化倍数
活性氧代谢	At2g29470	谷胱甘肽硫转移酶（GSTU3）	7.5
	At2g29490	谷胱甘肽硫转移酶（GSTU1）	2.8
	At1g17170	谷胱甘肽硫转移酶（GSTU24）	2.1
	At2g29460	谷胱甘肽硫转移酶（GSTU4）	2.1
	At1g69880	硫氧还蛋白（ATH8）	3.0
	At5g61440	硫氧还蛋白（TRX）	2.8
	At4g33870	过氧化物酶（POD）	2.0
毒物代谢	At5g42580	细胞色素 P450（CYP705A12）	7.5
	At2g34500	细胞色素 P450（CYP710A1）	2.8
	At2g45580	细胞色素 P450（CYP76C3）	2.6
	At3g28740	细胞色素 P450（CYP81D1）	2.3
	At4g37310	细胞色素 P450（CYP81H1）	2.1
	At1g67110	细胞色素 P450（CYP735A2）	2.1
	At3g30180	细胞色素 P450（CYP85A2）	2.0
热激反应	At2g26150	热激转录因子（HsfA2）	2.0
	At5g12030	热激蛋白（Hsp17.7-CII）	16.0
	At3g46230	热激蛋白（Hsp17.4-CI）	10.6
	At5g51440	热激蛋白（Hsp23.5-M）	4.9
	At1g53540	热激蛋白（Hsp17.6C-CI）	4.9
	At2g29500	热激蛋白（Hsp17.6B-CI）	3.7
病程相关蛋白（PR）	At3g57260	β-1, 3-葡聚糖酶（BG2）（PR-2）	3.0
	At3g12500	几丁质酶（PR-3）	2.0
	At3g04720	橡胶蛋白（HEL）（PR4）	2.0
	At4g11650	类渗调蛋白（OSM34）（PR5）	2.5
	At1g19610	植保素（PDF1.4）	2.3

（续）

基因功能	ID	基因名称	变化倍数
细胞壁强化	At2g25540	纤维素合成酶（CESA10）	2.1
	At1g21310	伸展蛋白3（ATEXT3）	3.0
	At1g76930	富含脯氨酸伸展蛋白	2.6
	At5g06630	富含脯氨酸伸展蛋白	3.5
	At3g54590	富含脯氨酸伸展蛋白	2.3
	At2g43150	富含脯氨酸伸展蛋白	2.0
	At4g13340	富含亮氨酸重复蛋白/伸展蛋白	2.3
苯丙烷类代谢途径	At5g04620	氨基转移酶/转氨酶	3.0
	At1g09500	肉桂醇脱氢酶（CAD）	4.0

（二）芯片结果的 RT-PCR 验证

为了证实基因芯片杂交结果的可靠性，挑选9个防御相关差异表达基因进行半定量 RT-PCR 分析，以 Actin2 基因为内参。根据拟南芥（TAIR）网站各基因的 cDNA 序列，用 Primer 5.0 软件设计引物，由宝生物工程（大连）有限公司合成。RT-PCR 按照宝生物工程（大连）有限公司产品（PrimeScript™ RT-PCR Kit）说明书进行。这些基因分别为氧化胁迫相关基因 ATH8、GSTU3、GPX7 和 POD，热激转录因子的 HsfA2 基因和热激蛋白 Hsp17.7、Hsp17.6B 和 Hsp17.6C 基因，病程相关蛋白 HEL 基因。RT-PCR 结果表明，这9个基因在 SO$_2$ 胁迫后转录水平提高（图3-2），与基因芯片筛

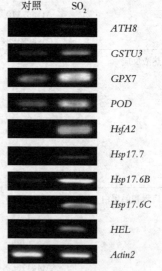

图3-2 SO$_2$ 胁迫后差异表达基因的 RT-PCR 分析

选的结果是一致的，说明由基因芯片筛选出的差异表达基因的信息是可靠的。

二、抗逆相关防御基因的表达分析

（一）抗氧化防御系统

SO$_2$ 胁迫诱导多个活性氧代谢相关基因的表达改变。其中，4 个 GST 基因分别上调了 7.5 倍、2.8 倍、2.1 倍和 2.1 倍，还有 2 个硫氧还蛋白基因（TRX）和 1 个 POD 基因分别上调了 3.0 倍、2.8 倍和 2 倍。此外，3 个 GPX 基因、3 个超氧化物歧化酶基因（SOD、$CSD1$ 和 $CSD2$）、2 个过氧化氢酶基因（CAT）和 1 个抗坏血酸过氧化物酶基因（APX）上调表达，但表达变化倍数小于 2。抗氧化酶活性检测结果也表明，SO$_2$ 熏气诱导 SOD、POD、GPX 和 GST 活性显著提高。SOD 将 O_2^- 歧化为 H_2O_2 和 O_2，APX、GPX、CAT 和 POD 等可催化 H_2O_2 转变为 H_2O 和 O_2，在细胞抗氧化系统中非酶（GSH、抗坏血酸、胡萝卜素等）和酶分子的协调作用下，有效清除胞内过量的活性氧。但在 SO$_2$ 长时间胁迫时，因胞内活性氧不能及时清除，过量的 H_2O_2 可与 O_2^- 生成毒性更强的 ·OH，损伤蛋白质和 DNA 等生物大分子，导致膜脂过氧化，MDA 含量增加，从而引起细胞生理活动紊乱，植株生长发育异常。

SO$_2$ 胁迫时，GSH 的含量增加可能与胁迫时胞内活性氧的增加有关，而同期植株吸收了较多的 SO$_2$，促进了体内的硫还原过程，使硫还原产物 Cys 含量增高（Kopriva，2006；李利红等，2010），也能带动 GSH 的合成增加。GPX 和 GST 都是以 GSH 为底物，GPX 能将脂质过氧化物和 H_2O_2 还原成相应的醇和水，GST 具有不依赖 Se 的 GPX 活性，能使脂质过氧化物转变成相应的无毒醇，参与植物对氧化胁迫的抵抗。SO$_2$ 胁迫诱导 GSH 含量增加，GPX 和 GST 的基因表达水平和酶活性提高，说明 GSH 及其相关的代谢过程在植物抵抗逆境胁迫的过程中具有十分重要的作用。

硫氧还蛋白（Thioredoxin，TRX）是细胞内可溶的、具有氧化还原活性的小分子蛋白质，广泛分布于植物的细胞质、叶绿体、线粒体和细胞核中。TRX 作为蛋白质二硫键的还原酶，其氧化还原活性依赖于高度保守的活性位点 CGPC（Cys-Gly-Pro-Cys），其中含有两个相互邻近的活性半胱氨酸残基，通过硫醇-二硫化物的相互转变参与生物体的氧化还原调节，进而对多种受氧化还原影响的细胞功能进行调节。TRX 还具有抗氧化作用，可直接参与活性氧特别是 H_2O_2 的清除。同时，TRX 蛋白对转录因子的活性起调节作用，从而影响植物抗氧化胁迫和防御反应中基因的表达。此外，TRX 还与各种胁迫状态下的细胞凋亡和生长繁殖的调节密切相关。SO_2 胁迫诱导两个编码硫氧还蛋白的基因上调表达，不仅直接参与抗氧化过程，还可调控抗逆基因的表达，在植株抵抗逆境胁迫中具有重要作用（夏德习等，2007）。

（二）毒物代谢

细胞色素 P450（CYP450）是一类具有混合功能的血红素氧化酶系，广泛分布于生物体的各个部位，是高等植物中最大的酶蛋白家族。从功能意义上植物 CYP450 可分为两大类型，一类是具有生物合成功能的 CYP450，这种 CYP450 在木质素中间物、植物激素（IAA）、甾醇、萜类、黄酮类、异黄酮等物质的合成中起重要作用；另一类为代谢解毒的 CYP450，可以催化内源性和外源性物质在体内的氧化反应，具有代谢解毒和代谢活化作用。CYP450 参与的反应类型主要有烷基的羟化、烯基的环氧化、烃基的氧化、氧化性脱氨（脱卤和脱氢）、氧化性的碳-碳键断裂及一些还原反应，是体内最重要的解毒酶系。SO_2 胁迫后，7 个细胞色素 P450 基因表达分别上调7.5 倍、2.8 倍、2.6 倍、2.3 倍、2.1 倍、2.1 倍和 2 倍（表 3-1），在植物的次生代谢物合成及解毒方面发挥重要作用。

此外，GST 也是一种细胞解毒剂，是植物体内重要的Ⅱ相解毒酶，在Ⅱ相反应中起着重要的作用，能催化 GSH 与多种疏水性化合物亲电基团的连接作用，形成的代谢物通常比它们的前体毒性更低且水溶性更强，加速细胞对有害物质的代谢转化和排泄过程，减少毒害物质在生物体内的作用时间。SO$_2$ 胁迫诱导多个 *GST* 基因表达量和酶活性明显提高，提示其在缓解 SO$_2$ 对拟南芥植株的毒害作用过程中发挥重要作用。

（三）热激反应

在高温胁迫下，植物体内会发生热激反应（heat shock response，HSR），诱导合成大量的热激蛋白（heat shock response，Hsps）。Hsps 具有分子伴侣的功能，不仅参与新生肽链的折叠，寡聚蛋白质的组装、解聚以及蛋白质的跨膜运输等代谢过程，而且对受损蛋白的修复和细胞的存活起着重要的作用。真核生物中热激蛋白可分为 Hsp100、Hsp90、Hsp70、Hsp60 和小分子量的热激蛋白（sHsps）。SO$_2$ 胁迫后，拟南芥胞内发生热激反应，诱导多个热激蛋白（Hsps）基因转录水平提高，其中 *Hsp17.7 - CII*、*Hsp17.4 - CI*、*Hsp23.5 - M*、*Hsp17.6C-CI* 和 *Hsp17.6B-CI* 基因分别上调 16.0 倍、10.6 倍、4.9 倍、4.9 倍和 3.7 倍（表 3 - 1），这些基因编码的都是小分子量的热激蛋白（sHsps）。研究发现，SO$_2$ 诱导的 Hsps 还参与其他胁迫如冷、重金属、渗透胁迫、氧化胁迫、紫外光等的响应过程，说明这些不同的逆境胁迫反应之间存在着内部联系，都能诱导植物 Hsps 的产生（Swindell et al.，2007）。sHsps 在植物中含量相当丰富，这可能由于植物固生于土壤中，无法躲避周围环境的胁迫，这些不利的环境因素造成一种选择压力，因此进化出一套特意编码 sHsps 的胁迫基因，以便更好地适应生存环境。

热激转录因子（Hsfs）是热激反应的主要调节者，参与调控 Hsps 基因表达（翁锦周等，2006）。在拟南芥基因组中，已鉴定出 21 个不同的 Hsfs 基因，可分为 A、B、C 三类。Hsfs 的激活主要经历 2 个步骤：①Hsfs 三聚化并与 DNA 结合；②转录能力激活，导致热激基因的转录表达。在果蝇和哺乳动物细胞中，Hsfs 的寡聚化和与 DNA 的结合都可被热和 H$_2$O$_2$ 诱导，从而提出 Hsfs 是

细胞中热和 H_2O_2 的直接感知因子。Davletova 等（2005）提出有遗传证据表明，植物 Hsfs 是 H_2O_2 的重要感知因子，并且 Hsf21/AtHsfA4a 是一个好的候选因子。李春光等（2005）研究发现，拟南芥 HsfA2 可能也是一个热和 H_2O_2 的感知因子。本研究结果表明，SO_2 胁迫导致拟南芥胞内 H_2O_2 含量增加，热激转录因子 $HsfA2$ 基因表达水平提高，同时还发现，H_2O_2 处理诱导 $HsfA2$ 转录水平提高，我们推测，胁迫产生的 H_2O_2 作为上游的信号分子激活 $Hsfs$，活化的 $Hsfs$ 识别存在于 Hsp 基因上游启动子区域的热激元件而诱导 Hsp 的转录。这些结果显示，拟南芥 $HsfA2$ 基因的表达不仅受到热激诱导，同样也可被氧化胁迫诱导，在联系热和氧化胁迫信号方面具有重要的作用，并且通过调节胁迫反应基因的表达，来提高热和氧化胁迫耐受性（Vanderauwera et al.，2005；Nishizawa et al.，2006）。

（四）抗病反应

SO_2 胁迫诱导拟南芥胞内发生抗病反应，涉及的基因主要编码三类蛋白：①病程相关（pathogenesis-related，PR）蛋白。②参与次级代谢的酶类。③参与强化细胞壁的酶和蛋白。

当植物受到生物（病原体）或非生物（紫外线、机械损伤、重金属盐等）胁迫时，通过体内某些物质的识别和信号转导作用，开启某些抗逆基因，从而产生一些新的抗性物质或使某些物质迅速积累，使植株产生系统获得性抗性（systemic acquired resistance，SAR）。植物细胞在 SAR 反应的标志之一就是 PR 蛋白的表达。PR 蛋白是植物体内的一类低分子量蛋白质，在正常生长的植物中不存在或表达微弱，而当植物被病原菌侵染或相似胁迫条件诱导后，则迅速产生并累积。SO_2 胁迫后，拟南芥细胞中多个病程相关蛋白基因，包括 β-1，3-葡聚糖酶基因（PR-2）、几丁质酶基因（PR3）、橡胶蛋白基因（HEL，PR4）、类渗调蛋白基因（OSM34、PR5）和植保素基因（PDF1.4）表达增强（表 3-1），这些基因表达产物的增加能促使植物产生系统获得抗性。当植物受到乙烯、紫外线和水杨酸诱导时，几丁质酶和 $\beta - 1$，3 -葡聚糖酶等活性也迅速提高，说明这些 PRs 不仅仅具有防御病原体侵染的作用，可能还有多种其他不同的生理功能，在植物防御生物和非生物胁迫过程中均具有重要作用（van et al.，2006）。

次生代谢是植物在长期进化过程中与环境相互作用的结果，其产物不直接参与植物生长和发育过程，但在植物提高自身保护和生存竞争能力、协调与环境关系上充当着重要的角色。植物可以通过改变某些次生代谢产物的组成和含量来适应各种各样的环境胁迫。SO_2 胁迫导致拟南芥胞内多个参与次生代谢的重要基因表达水平改变。其中，氨基转移酶基因表达上调，促进苯丙氨酸的合成，苯丙烷类代谢途径中多个基因表达改变，苯丙氨酸解氨酶基因（PAL）、4 -香豆酸辅酶 A 连接酶基因（$4CL$）、肉桂醇脱氢酶基因（CAD）（表 3 - 1）及 POD 基因不同程度上调表达，表明 SO_2 胁迫后，拟南芥胞内次生代谢开始加强，以抵御或缓解 SO_2 对植株的伤害。苯丙烷类代谢途径是植物体内重要的次生代谢途径之一，可以合成木质素、酚类植保素、异黄酮类植保素等多种重要的次生代谢物。其中 PAL、CAD 等参与木质素合成的关键酶基因表达上调，伴随着 POD 基因的表达上调，可以促进木质素合成，以增加细胞壁硬度，从而增强植株的抗性。

纤维素和伸展蛋白是细胞壁的重要组成成分，SO_2 胁迫诱导拟南芥细胞中纤维素合成酶基因（At2g25540）、伸展蛋白 3 基因（At1g21310）、富含脯氨酸伸展蛋白基因（At1g76930、At5g06630、At3g54590、At2g43150）和富含亮氨酸重复蛋白基因（At4g13340）表达水平提高（表 3 - 1），促进纤维素和伸展蛋白合成，有利于加固细胞壁，增强植株的防护能力。研究发现，在几种不同的氧化胁迫条件下，O_2^- 或 H_2O_2 可以调控伸展蛋白基因的表达。由于 SO_2 胁迫能导致拟南芥胞内产生大量 ROS，可以推测伸展蛋白基因的差异表达也与 ROS 有关。

SO_2 胁迫后，通过以下 3 种方式起到调节作用：①拟南芥体内木质素合成增多，在细胞壁木质化过程中，木质素逐步渗入到细壁，填充于纤维素构架内，加固细胞壁。②在 H_2O_2 的存在下，POD 介导松柏醇、羟基肉桂醇以及半纤维素、果胶质等细胞壁成分的聚合和交联。③细胞壁伸展蛋白和纤维素合成酶基因上调表达，增加伸展蛋白和纤维素的合成。上述三种作用使细胞壁得以加固，作为物理屏蔽来延缓和阻止病原菌的侵入和扩散，以及保护细胞免受第二次感染，同时细胞的机械支持力或抗压强度也得到了增强，这还有利于巩固和支持植物体及水分输导等作用。

（五）信号通路分析

植物无法躲避环境胁迫，为了生存植物形成了一套完善的胁迫防御应答体系。在遭受不利环境条件胁迫时，植物通过各种胞内信号转导途径，将刺激信息级联传导到效应部位，诱导或抑制相关基因表达，形成各种功能蛋白；调节植物各种生理生化反应，完成胁迫应答，适应生存环境的变化。SO_2 胁迫激活拟南芥细胞内多个不同胁迫应答途径，从而使植物做出相应的适应性调整，并产生了对其他胁迫的交叉抗性。

活性氧不仅是细胞氧化还原过程中形成的有害副产物，而且在植物抗逆过程中起着非常重要的作用。许多环境胁迫（如干旱、盐、碱等）可导致 H_2O_2 的积累，H_2O_2 作为胞内信号分子，通过蛋白激酶 MAPK 途径或其他方式影响转录因子活性，调节诸如气孔保卫细胞的运动、基因表达、细胞凋亡和超敏反应等许多过程，介导细胞对环境胁迫的应答。本研究检测到 SO_2 熏气后拟南芥胞内 H_2O_2 含量增加，活性氧代谢相关基因表达改变，抗氧化酶、GST 的基因表达水平和酶活性提高，热激蛋白基因等防护基因表达上调，并运用半定量 RT-PCR 技术证实了 H_2O_2 处理后部分基因的 mRNA 水平的改变，表明了 SO_2 胁迫诱导了活性氧爆发（oxidative burst）及其对植物基因表达产生了影响，证实了 SO_2 暴露对植物的氧化胁迫，并为 SO_2 胁迫后 H_2O_2 可能作为信号分子参与植株对胁迫的适应过程提供了实验证据。

SO_2 胁迫后，参与基因表达调控的另一种信号分子是植物激素，如生长素和乙烯。生长素调控众多的生理反应，也可以间接调控基因表达，基因表达产物参与许多与发育相关的过程。本研究的芯片结果显示，SO_2 胁迫诱导 2 个生长素应答蛋白基因（At5g50760 和 At4g34770）和 1 个生长素诱导转录因子基因（At4g32280）表达上调 2 倍以上，植株通过生长素信号转导途径传递胁迫信息，调节胁迫条件下植物的生长发育，并完成胁迫应答反应。

乙烯是一种重要的植物激素，在植物生长发育过程中起着重要的调节作用，并且能诱导防卫应答反应从而引发抗性作用（Quint et al.，2006）。芯片检测结果表明，SO_2 胁迫后，6 个 ACC 氧化酶（乙烯合成酶）基因表达上调，乙烯信号途径中包括乙烯受体 ERS1、乙烯刺激应答基因（2 个）、乙烯诱导系统抗性信号途径基因（2 个）、乙烯应答因子基因（1 个）及乙烯应答元件结合蛋白基因（1 个）表达上调，而乙烯反应中的转录抑制因子 ERF11 下调表达。其中，1 个 ACC 氧化酶基因（At5g59530）和乙烯信号途径中的 1 个乙烯应答元件结合蛋白基因（At5g61590）和 1 个乙烯应答因子基因（*ERF*，At1g06160）表达上调 2 倍以上（表 3 - 1），说明 SO_2 暴露促进乙烯合成，激活乙烯信号途径，诱导 ERF 等转录因子的表达，参与植物胁迫反应。研究发现，ERF 类转录因子通过结合 PR 蛋白基因启动子区 GCC-box 元件而调控基因表达，还可以结合其他顺式作用元件激活 SO_2 胁迫应答基因表达。植物细胞可能通过乙烯介导的信号途径诱导植物产生系统获得性抗性。

三、小结

植物对逆境的响应是一个受多基因影响、多途径参与的复杂过程。利用基因芯片技术研究表明，SO_2 胁迫后，活性氧和植物激素（如生长素、乙烯）作为信号分子，通过细胞内的信号转导途径，诱导抗氧化酶（SOD、POD 和 GPX）、GST、细胞色素 P450 等多个防御基因表达水平提高，提高植株对环境的适应性。此外，热激转录因子和多个热激蛋白转录水平增加，表明热调控基因在植株响应 SO_2 胁迫过程中发挥重要作用。同时，SO_2 胁迫诱导多个抗病基因上调表达，包括病程相关蛋白（PR）、参与苯丙烷类代谢途径、细胞壁修饰的酶和蛋白，说明植物对不同环境胁迫的适应具有一定的交叉性，即植物体对不同的环境胁迫会有相似的逆境生理过程，某种逆境条件不仅可以增强植物对这种逆境的抗性，而且可以同时增强对其他逆境的适应性，同时也提示活性氧、植物激素等是植物交叉适应过程的重要胁迫信号分子。通过聚类分析，找出了对 SO_2 胁迫特异应答的基因，有可能作为 SO_2 胁迫的分子标识。总之，本研究通过对 SO_2 胁迫后拟南芥植株基因表达谱的分析，获得了植物基因组水平对逆境胁迫的转录应答结果，为进一步揭示植物逆境适应机制奠定了基础，同时也为 SO_2 胁迫与其他环境刺激之间相互作用及其信号转导途径提供了新的见解。

第四章 SO₂ 胁迫诱发植物 DNA 甲基化修饰及其转录调控作用

DNA 甲基化（DNA methylation）是真核生物基因组中常见的一种 DNA 共价修饰形式，主要是胞嘧啶甲基化，形成 5-甲基胞嘧啶（m^5C）。植物 DNA 甲基化是一种普遍现象，但是 DNA 甲基化水平因植物种类而异，20%～30%的核基因组 DNA 胞嘧啶处于甲基化状态，广泛分布于 CG、CHG 和 CHH（H 代表 A、C 或 T）位点（Chan et al.，2005）。DNA 甲基化是通过 DNA 甲基转移酶催化和维持的，不同的甲基转移酶类能直接作用于不同位点的胞嘧啶。一般认为，DNA 甲基转移酶 METl 主要负责维持原初 CG 位点的甲基化，但也可能在重新甲基化过程中起到一定作用。植物体中大部分非 CG 位点的甲基化由 DRM 和 CMT 催化。DRM 可以使没有被修饰过的 DNA 产生甲基化，即重新甲基化；CMT3 是植物所特有的一类甲基化酶，主要负责保持 CHG 位点的甲基化。

DNA 甲基化是调节基因功能的重要手段，在基因表达、细胞分化及系统发育过程中起着重要的调控作用，参与一系列的生物学过程，如基因组的稳定、基因的转录失活（尤其是转基因的沉默）、转座子的转移失活、基因沉默、基因组印记等。DNA 甲基化作为一种表观遗传修饰，并不改变碱基的序列，但可导致 DNA 结构的变化，进而影响各种转录因子（反式作用因子）与顺式反应元件间的相互作用，因而 DNA 甲基化状态的变化与转录调控的关系是研究基因调控的重要方向，已经成为现代表观遗传学研究的主要内容和热点之一（仪治本等，2005；苏玉等，2009）。近期研究发现，逆境（如盐、热、干旱和重金属等）胁迫能影响植物 DNA 甲基化状态，Cd 胁迫可引起萝卜基因组甲基化水平提高（杨金兰等，2007）；高盐及低温胁迫诱导抗逆相关基因 DNA 序列去甲基化，基因表达量增加（Choi et al.，2007），说明 DNA 甲基化参与环境胁迫下的基因表达调控过程。

近年来，国内外几个实验室先后采用多种方法分析了拟南芥全基因组的甲基化特征，发现大部分基因都存在 DNA 甲基化，且甲基化程度与序列的转录活性密切相关（Zhang et al.，2006）。前期的基因表达谱分析结果表明，SO_2 胁迫诱导拟南芥中多个与逆境生理相关的基因转录水平改变（Li et al.，2012），部分差异表达基因的变化可能与 DNA 甲基化状态相关，如拟南芥 RD29A 基因在 DNA 甲基化抑制因子 ROS1 基因突变后沉默，类胡萝卜素裂解双加氧酶基因（CCD7）在用 DNA 甲基化抑制剂 5 - 杂氮胞苷（5 - azaC）处理后转录水平提高（Berdasco et al.，2008），腈水解酶基因（NIT2）和 ACC 合成酶基因（ACS6）在甲基转移酶 drm1drm2cmt3 突变体中过量表达，这些研究发现为 DNA 甲基化参与基因表达的调控这一观点提供了初步的理论依据。

本研究利用甲基化敏感扩增多态性（Methylation sensitive amplification polymorphism，MSAP）方法，检测和分析了 $30mg/m^3$ SO_2 胁迫后拟南芥基因组 DNA 甲基化水平和模式的变化；采用亚硫酸氢盐修饰后测序法，研究 SO_2 暴露对拟南芥胁迫相关基因 RD29A、CCD7、NIT2 和 ACS6 的 DNA 甲基化状态的影响，并利用 RT-PCR 分析 SO_2 胁迫后这些基因的转录水平，探讨 SO_2 胁迫后拟南芥 DNA 甲基化状态的变化及其在植物胁迫应答过程中的作用，为从 DNA 水平上揭示植物对逆境胁迫的适应机制提供理论依据。

一、SO_2 胁迫诱导植物 DNA 甲基转移酶表达改变

通过对 $30mg/m^3$ SO_2 暴露拟南芥全基因组基因表达谱的分析，筛选到 2 780 个差异表达的基因，其中有 5 个与 DNA 甲基化、染

色质重塑、RNA 介导基因沉默相关的差异表达基因（表 4 - 1）。

表 4 - 1　SO₂ 胁迫后表观遗传调控因子表达变化

ID	基因名称	SO₂ 胁迫后基因表达变化倍数	功能
At5g15380	Cytosine methyltransferase（DRM1）	2.5	DNA 甲基化
At2g28290	Chromatin remodeling protein（SYD）	−1.4	染色质重塑
At1g01040	Dicer-like 1（DCL1）	−1.4	RNA 介导的基因沉默
At3g03300	Dicer-like 2（DCL2）	−1.3	RNA 介导的基因沉默
At1g48410	Argonaute 1（AGO1）	−1.1	RNA 介导的基因沉默

RT-PCR 检测结果显示，SO₂ 胁迫后，拟南芥 DNA 甲基转移酶 *MET1* 和 *CMT3* 基因转录水平未发生明显变化，而 *DRM1* 和 *DRM2* 基因转录水平增加（图 4 - 1），预示着 DNA 甲基化等表观遗传调控在逆境生理中有一定的潜在作用。

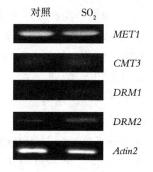

图 4 - 1　RT-PCR 检测 DNA 甲基转移酶基因的表达水平

SO₂ 胁迫诱导的部分差异表达基因是拟南芥甲基转移酶突变体中的过表达基因，其中 17 个基因在拟南芥 *met1* 突变体中过表达，69 个基因在拟南芥 *drm1drm2cmt3* 突变体中过表达，包括多个编码转录因子、防御相关的酶和蛋白的基因，如腈水解酶基因（*NIT2*）和 ACC 合成酶基因（*ACS6*）等。DNA 甲基化水平增加会抑制基因表达，而去甲基化有利于基因转录水平的提高，拟南芥 SO₂ 胁迫应答基因在甲基转移酶突变体中过表达，提示胁迫条件下基因表达水平的变化可能与 DNA 甲基化状态相关。

二、SO_2 胁迫诱导植物基因组 DNA 甲基化模式改变

运用 MSAP 技术分析拟南芥基因组 DNA 甲基化水平。MSAP 技术主要包括酶切、连接、预扩增、选择性扩增、聚丙烯酰胺凝胶电泳、银染检测、数据收集。Hpa Ⅱ 和 Msp Ⅰ 是一组同裂酶，二者均识别并切割 CCGG 序列，但对甲基化的敏感程度不同：Hpa Ⅱ 对内外侧胞嘧啶的甲基化均敏感，即不能消化甲基化的 CCGG 位点，但对内外侧胞嘧啶的半甲基化不敏感，即能酶切半甲基化的 CCGG 位点；Msp Ⅰ 对外侧胞嘧啶甲基化和半甲基化均敏感，即不能消化外侧胞嘧啶甲基化的 CCGG 位点，但能酶切内侧胞嘧啶甲基化的 CCGG 位点。

DNA 酶切产物扩增后出现四种谱带情况：①Ⅰ型带，E＋H 和 E＋M 两种酶切后都有带，表明该 CCGG 位点为非甲基化。②Ⅱ型带，E＋H 有带，E＋M 无带，表明该 CCGG 位点为外侧胞嘧啶半甲基化。③Ⅲ型带，E＋H 无带，E＋M 有带，表明该 CCGG 位点内侧胞嘧啶全甲基化。④Ⅳ型带，E＋H 和 E＋M 两种酶切中都无带，可能该 CCGG 位点内外侧胞嘧啶同时完全甲基化，或序列变异无法被限制性内切酶识别（表 4－2）。通过比较对照组和处理组中的带型，可得出不同样品 DNA 甲基化状态的变化情况。

表 4－2 Hpa Ⅱ 和 Msp Ⅰ 的甲基化敏感性及限制性谱带分析

内切酶活性		限制性带型		甲基化状态	带型统计
Hpa Ⅱ	Msp Ⅰ	H	M		
有活性	有活性	＋	＋	无甲基化	Ⅰ
有活性	无活性	＋	－	外侧半甲基化	Ⅱ
无活性	有活性	－	＋	内侧完全甲基化	Ⅲ
无活性	无活性	－	－	内外侧完全甲基化或序列变异	Ⅳ

拟南芥基因组总 DNA 经 *Eco*RI/*Hpa*Ⅱ（H）和 *Eco*RI/*Msp*Ⅰ（M）酶切后，DNA 主带消失，整个泳道亮度分布比较均匀，说明总 DNA 酶切完全。在 16 对 E+3 和 H/M+4 的选择性扩增引物组合中，有 12 对重复性好、条带清晰的引物组合。用此 12 对引物在拟南芥全基因组中总扩增位点数为 703 个，所有在 MSAP 电泳图谱上显示的非甲基化、半甲基化和完全甲基化的 CCGG 位点数统计结果见表 4-3。

表 4-3　样品 MSAP 带型统计

	总带数	未甲基化位点（Ⅰ）		半甲基化位点（Ⅱ）		全甲基化位点（Ⅲ和Ⅳ）				总甲基化位点（Ⅱ、Ⅲ和Ⅳ）	
		数目	比率	数目	比率	Ⅲ	Ⅳ	数目	比率	数目	比率
对照	703	435	61.9%	99	14.1%	121	48	169	24%	268	38.1%
处理	703	423	60.2%	76	10.8%	95	109	204	29%	280	39.8%

在对照组和 30mg/m³ SO₂ 胁迫组中，非甲基化（Ⅰ型带）位点最多，分别为 435 个和 423 个，占总扩增位点的 61.9% 和 60.2%；总甲基化的位点数包括单链半甲基化（Ⅱ型带）和双链全甲基化（Ⅲ和Ⅳ型带）分别为 268 个和 280 个，总扩增位点甲基化率（扩增的总甲基化位点数占总扩增位点数的比率）分别为 38.1% 和 39.8%。其中，全甲基化（Ⅲ和Ⅳ型带）率高于半甲基化（Ⅱ型带）率，表明拟南芥基因组 CCGG 位点发生甲基化的方式主要是以双链胞嘧啶全甲基化为主，单链半甲基化位点相对较少。

在对照组中，Ⅰ型带最多，然后依次为Ⅲ型带、Ⅱ型带和Ⅳ型带。与对照组相比，胁迫组中Ⅱ型带和Ⅲ型带明显减少，Ⅳ型带增加，可能部分这样的变化是由序列变异造成的，但主要还是内外两个胞嘧啶完全甲基化造成的，说明 SO₂ 胁迫诱导拟南芥基因组 DNA 胞嘧啶甲基化水平增加。

SO₂ 胁迫组与对照组的甲基化敏感性扩增共出现 15 种带型

（表 4 - 4），根据 SO_2 处理后拟南芥基因组的甲基化状态，与其对照组的甲基化状态比较，发现带型变化主要有 2 种类型：

表 4 - 4　SO_2 胁迫后拟南芥基因组 DNA 甲基化状态的变化

	带型				数目	百分比/%
	对照组		SO_2 处理组			
	H	M	H	M		
Type A　甲基化						
A1	+	+	+	−	15	
A2	+	+	−	+	21	
A3	+	+	−		21	
A4	+	−	−	−	44	
A5	−	+			44	
合计					145	20.60%
Type B　去甲基化						
B1	+	−	+	+	21	
B2		−	+	+	14	
B3			+	+	10	
B4			+		21	
B5				+	17	
合计					83	11.80%
Type C　不定类型						
C1	+	−	−	+	13	
C2	−	+	+	−	19	
合计					32	4.60%
总多态性位点数					260	37%
Type D　不变						
D1	+	+	+	+	378	
D2	−	+	−	+	44	
D3	+	−	+	−	21	
总单态性位点数					443	63%
总数					703	

注：H 和 M 分别代表 $EcoRI/HpaⅡ$ 和 $EcoRI/MspI$ 酶切；＋表示有带，－表示无带。

1. 多态性

即对照组与处理组在甲基化模式上不同，表明 CCGG 位点甲基化状态在 SO₂ 处理后发生改变。该多态性又有 3 种状态即甲基化（A 型）、去甲基化（B 型）和不定类型（C 型）。其中，A 型的 A1、A2 和 A3 为重新甲基化，对照组没有发生甲基化，H 和 M 都有条带（Ⅰ型带），SO₂ 处理后为 M 无带（Ⅱ型带）或 H 无带（Ⅲ型带），或 H 和 M 都没有带（Ⅳ型带）；A4 和 A5 为超甲基化，对照仅 H 有带（Ⅱ型带），或 M 有带（Ⅲ型带），而处理 H 和 M 泳道都没带（Ⅳ型带），A 型表明 SO₂ 胁迫诱导拟南芥基因组 DNA 发生了甲基化水平增加的变异；B 型含 B1、B2、B3、B4 和 B5，为去甲基化类型，甲基化状态变化与 A 型相反，表明 SO₂ 胁迫后基因组 DNA 发生了甲基化水平下降的变异。C 型含 C1 和 C2，为不定类型，即对照组与处理组中 DNA 甲基化程度的差异无法确定。

2. 单态性

即对照组和处理组之间有相同的带型（D 型），表明 SO₂ 处理后 CCGG 位点的甲基化状态保持不变。其中，D1 为未甲基化，即 *Hpa*Ⅱ和 *Msp*Ⅰ两个酶都能识别并切割的 CCGG 位点，对照和处理都为Ⅰ型带；D2 为外侧胞嘧啶半甲基化，*Msp*Ⅰ不能识别，而 *Hpa*Ⅱ能识别并切割该位点，对照和处理都为Ⅱ型带；D3 为内侧胞嘧啶全甲基化，*Hpa*Ⅱ不能识别，而 *Msp*Ⅰ能识别并切割，对照和处理都为Ⅲ型带。

SO₂ 胁迫处理后，拟南芥基因组 DNA 甲基化特征改变，甲基化多态性为 37%，甲基化状态未变化类型为 63%。其中，发生甲基化（A 型）位点数为 145，占总扩增位点数的 20.6%；去甲基化（B 型）位点数为 83，占总扩增位点数的 11.8%；不定类型（C 型）位点数为 4.6%，可见在所扩增的位点中，发生甲基化的位点数高于去甲基化的位点数，且超甲基化位点数比重新甲基化位点多，基因组 DNA 净甲基化水平增加，说明 SO₂ 胁迫诱导拟南芥基因组整体 DNA 甲基化水平提高。

三、SO_2 胁迫诱导植物 *NIT2* 和 *ACS6* 基因甲基化和转录水平改变

经亚硫酸氢盐修饰后，DNA 中甲基化的胞嘧啶保持不变，仍为胞嘧啶（C），而未发生甲基化的胞嘧啶转变成尿嘧啶（U），经 PCR 扩增后转化成胸腺嘧啶（T）。利用亚硫酸氢盐修饰后测序法，选择在 SO_2 胁迫组和对照组间有差异表达且对逆境生理具有重要作用的 *RD29A*、*CCD7*、*NIT2* 和 *ACS6* 基因为目的基因，对其 DNA 中胞嘧啶甲基化水平进行定量分析。亚硫酸氢盐修饰后测序参照 Henderson 等（2010）的方法并略作改动。实验主要包括使用亚硫酸氢盐修饰基因组 DNA、修饰后 DNA 纯化回收、PCR 扩增及克隆测序 3 个过程。

以亚硫酸氢盐修饰后的 DNA 为模板，经 PCR 扩增得到了与目标序列大小一致的片段；对 PCR 产物克隆后测序，将测序结果与 NCBI 数据库中的序列比对，目标序列与数据库中的 DNA 序列一致。在对照组拟南芥植株中，*RD29A* 和 *CCD7* 基因启动子区胞嘧啶位点呈非甲基化状态，与文献中报道的结果相一致（Berdasco et al.，2008），同时也说明亚硫酸氢盐对基因组 DNA 修饰完全。在检测的 *NIT2* 基因启动子区（15 993 439～15 993 888），共有 31 个胞嘧啶，其中有 9 个 CG、2 个 CHG 和 17 个 CHH（H 为 C、A 或 T）位点存在甲基化，还有 3 个 CHH 位点未发生甲基化。在检测的 *ACS6* 基因启动子区（6 863 217～6 863 618），共有 45 个胞嘧啶，其中有 13 个 CG、5 个 CHG 和 14 个 CHH 位点存在甲基化，还有 13 个 CHH 位点未发生甲基化（图 4 - 2）。

$30mg/m^3$ SO_2 胁迫后，拟南芥植株地上组织细胞中 *RD29A* 和 *CCD7* 基因启动子区甲基化状态无明显变化，保持无甲基化状态，*NIT2* 和 *ACS6* 基因启动子区胞嘧啶甲基化水平改变。在对照组中，*NIT2* 基因启动子区 CG 位点甲基化比率为 93.3%，CHG 和 CHH 位点甲基化比率分别为 35% 和 12%，胞嘧啶总甲基化比率

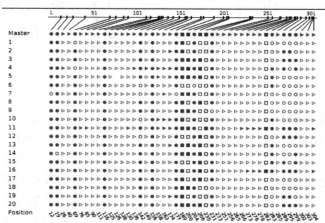

图 4-2　拟南芥 *NIT2* 和 *ACS6* 基因启动子区序列甲基化特征

注：Class1 表示 CG 位点，Class2 表示 CHG 位点，Class3 表示 CHH 位点。

为 37％。SO_2 暴露组中，CG 位点甲基化比率为 82.8％，比对照组下降了 10.5％；CHH 位点变化比较复杂，有 6 个位点甲基化水平提高，8 个位点甲基化水平降低，甲基化比率为 10.3％；CHG 位点甲基化水平提高，但其增幅较低，而且目标序列中仅有 2 个 CHG 位点。SO_2 胁迫组中 *NIT2* 基因启动子区胞嘧啶总的甲基化比率为 32％，整体上表现为 DNA 甲基化水平下降（图 4 - 3）。

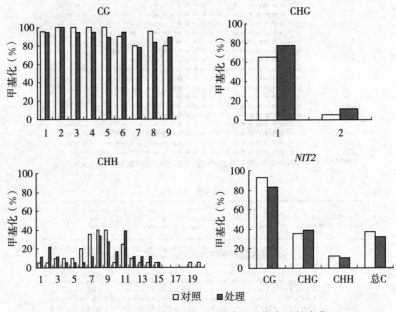

图 4 - 3　SO_2 胁迫后 *NIT2* 基因甲基化水平的变化

在对照组中，*ACS6* 基因启动子区 CG 位点甲基化比率为 77.4％，CHG 和 CHH 位点的甲基化比率分别为 41.3％和 6.7％，胞嘧啶总甲基化比率为 31.1％。SO_2 暴露组中，CG 位点甲基化比率为 70.2％，下降了 7.2％；多个 CHH 位点甲基化水平降低，甲基化比率为 3.9％；3 个 CHG 位点甲基化水平提高，2 个 CHG 位点甲基化水平降低，CHG 位点总甲基化水平稍有提高，甲基化比率为 42.5％。SO_2 胁迫组 *ACS6* 基因启动子区胞嘧啶总的甲基化比率为 27.3％，整体上表现为 DNA 甲基化水平降低（图 4 - 4）。

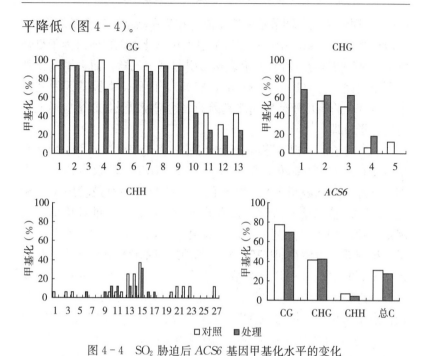

图 4 - 4　SO₂ 胁迫后 ACS6 基因甲基化水平的变化

RT-PCR 检测结果显示（图 4 - 5），在对照组拟南芥植株地上组织细胞中，NIT2 基因转录水平较高，ACS6 基因表达较弱。SO₂ 胁迫后，NIT2 和 ACS6 基因的表达量明显高于对照组，说明 SO₂ 诱导 NIT2 和 ACS6 基因转录水平提高。

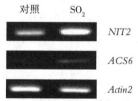

图 4 - 5　RT-PCR 检测 NIT2 和 ACS6 基因的表达水平

四、植物 DNA 甲基化特征改变对 SO₂ 胁迫的响应

DNA 甲基化作为一种重要的表观遗传现象，能够在不改变

DNA 序列的情况下调节基因组功能，在生命活动中起重要的作用。一般认为，植物基因中启动子区的过度甲基化能阻碍转录因子复合体与 DNA 的结合，抑制基因表达，引起基因沉默，而去甲基化则有利于基因表达（Kapoor et al.，2005）。因此，掌握基因甲基化水平的变化将有助于研究功能基因的表达调控以及植物适应逆境胁迫的分子机理。

SO$_2$ 胁迫后，拟南芥地上组织细胞中多个表观调控因子转录水平改变，DNA 甲基转移酶（*DRM1* 和 *DRM2*）基因表达水平提高，通过改变基因组 DNA 甲基化状态参与植物对逆境胁迫的响应。MSAP 技术是由 AFLP 技术改进而来的，可以准确检测全基因组范围内 CCGG 序列的甲基化程度，现已成功应用于真菌、水稻、拟南芥、柑橘和胡椒等生物的基因组甲基化模式和水平变化分析。本研究中，MSAP 分析结果显示，正常生长拟南芥植株主要是以双链胞嘧啶全甲基化为主，单链半甲基化位点相对较少，总扩增位点甲基化率（扩增的总甲基化位点数占总扩增位点数的比率）为 38.1%，与之前报道的不同生态型的拟南芥 35%～43% 胞嘧啶发生甲基化的水平接近。

SO$_2$ 胁迫诱导使拟南芥基因组 DNA 甲基化特征发生改变，包括胞嘧啶甲基化水平的升高或降低、重新甲基化和去甲基化，但总体趋势以 DNA 甲基化水平增加为主。甲基化修饰会影响染色体结构，可能通过染色体重塑过程调节基因转录过程和基因组稳定性，在植株对环境变化的适应过程中发挥作用。SO$_2$ 胁迫后，DNA 甲基化水平的升高可关闭相关基因，使其转录受到抑制，从而终止其表达；或在基因组 DNA 的某些位点发生去甲基化，诱导基因表达，合成或激活某些防护酶和蛋白，从而增强植物对胁迫的抵抗力。前期研究表明，SO$_2$ 胁迫能导致染色体的同源重组率明显提高，即胁迫能够诱发染色体 DNA 结构不稳定，而基因组整体 DNA 甲基化水平提高，可能有利于维持胁迫生理下基因序列的稳定，防止 DNA 被内切酶切割和多拷贝转座，进而构建基因组防御体系。

利用亚硫酸氢盐修饰后测序法研究发现，SO$_2$ 胁迫诱导 *NIT2* 和 *ACS6* 基因启动子区多个胞嘧啶位点甲基化水平改变，出现升高、降低、去甲基化或重新甲基化的变化，而对 *RD29A* 和 *CCD7* 基因启动子区非甲基化位点的甲基化水平无明显影响，说明这些基因对 SO$_2$ 的胁迫应答是由其他机制调控完成的。*NIT2* 和 *ACS6* 基因启动子区总甲基化水平降低，而编码区胞嘧啶甲基化水平未发生改变，同时 *NIT2* 和 *ACS6* 基因转录水平提高，与多数研究报道中植物 DNA 序列去甲基化诱导基因表达增强的结果一致（杨金兰等，2007），说明 SO$_2$ 胁迫能诱发拟南芥基因胞嘧啶甲基化水平改变，启动子区甲基化水平的降低可能与防御基因的诱导表达有关，胞嘧啶甲基化修饰参与了植物的抗逆生理过程。

30mg/m^3 的 SO$_2$ 熏气 72h 后，拟南芥植株叶面出现少量透明斑，但植株继续生长发育，显示了较强的适应性（李利红等，2008）。腈水解酶（Nitrilase）能催化吲哚乙腈转变为吲哚乙酸（IAA），在植物生长素合成过程中起重要作用。ACC 合成酶（ACS）是乙烯生物合成途径中的限速酶，催化合成最为重要的代谢中间体 ACC。SO$_2$ 胁迫后，拟南芥细胞中 *NIT2* 和 *ACS6* 基因表达增强，促进生长素和乙烯合成，通过信号转导途径参与调控抗逆相关基因表达，在植株对 SO$_2$ 胁迫的适应过程中发挥积极的调节作用。

总之，SO$_2$ 胁迫应答是一个复杂的过程，植物通过提高基因组总甲基化水平来维持基因组的稳定，而同时降低抗逆基因甲基化水平来增强基因表达，提高植物抗性。研究表明，动物细胞中活性氧攻击 DNA 形成的 8-羟基鸟苷能影响相邻胞嘧啶的甲基化，诱导异常的表观遗传效应，导致癌症发生，由此推测氧化损伤可能是 DNA 甲基化特征改变的原因。植物细胞中也可能发生类似事件，逆境胁迫时产生的大量活性氧与胁迫诱发的甲基化特征改变有关（Choi et al.，2007；彭海等，2009）。SO$_2$ 胁迫后拟南芥组织中活性氧水平明显增高（仪慧兰等，2009），活性氧分子可能参与 DNA 甲基化修饰过程，是甲基化特征改变的一个诱因。课题组其他成员

利用外源 H_2O_2 处理拟南芥植株后，叶细胞中活性氧水平提高，一些基因 DNA 甲基化修饰状态改变，为活性氧可能参与胞嘧啶甲基化修饰的调节提供了实验依据，但具体的调控机制还有待进一步研究。

第五章　植物 miRNA
在 SO₂ 胁迫应答中的作用

　　miRNA 是近年来发现的一类内源性的不编码蛋白质的 RNA。借助克隆和生物信息学的方法，人们在拟南芥、水稻、玉米、小麦和苔藓等植物中也发现了不同数量和类型的 miRNA（Xie et al.，2005；Barakat et al.，2007）。miRNA 作为基因表达中的一类负调控因子，通过与靶 mRNA 互补配对结合，介导目标 mRNA 的降解或抑制靶基因的翻译，在转录后水平调节基因的表达，参与植物器官的形态建成、生长发育、信号转导以及抗逆反应等过程（Schwab et al.，2005；Willmann et al.，2007）。最新研究表明，植物 miRNA 除了在转录后水平调控靶基因表达外，还介导基因的 DNA 甲基化，从而在转录水平上调节基因的表达（Khraiwesh et al.，2010；Wu et al.，2010；郭韬等，2011）。

　　miRNA 是植物逆境胁迫响应过程中的一类重要的调控因子，在植物感受逆境胁迫并做出适应性调整的过程中发挥着重要作用（Jones-Rhoades et al.，2004；Shukla et al.，2008）。研究表明，在逆境胁迫时，一些 miRNA 会表达上调，而另一些 miRNA 表达下调。Sunkar 等（2004）构建了拟南芥幼苗经干旱、盐碱、低温、脱落酸胁迫处理后的小 RNA 文库，并对文库的测序结果进行分析，发现了 26 个新的 miRNA，利用 miRNA 与靶基因结合序列互补的特点，预测了 41 个具有不同功能的靶基因。Northern 杂交分析表明，在这 4 种胁迫处理后，拟南芥 miR393 水平显著上升，miR397b 和 miR402 的水平略有升高，miR389a 水平下降；miR319c 仅在低温胁迫时水平上升，这些 miRNA 可能参与了胁迫响应基因的表达调控及植株的适应性变化。

SO$_2$ 是一种常见的全球性大气污染物，环境中高浓度的 SO$_2$ 影响植物生长发育，并对植物产生毒害作用。在长期进化过程中，植物体内形成了一系列复杂的防御机制来保护自己。本研究中以模式植物拟南芥为材料，采用 Solexa 高通量测序技术结合生物信息学方法，检测对照组和 30mg/m^3 SO$_2$ 处理组拟南芥植株的小 RNA（sRNA）表达谱，筛选出参与 SO$_2$ 胁迫响应的 miRNA 分子，研究 miRNA 在植物逆境生理过程中的重要作用。

一、SO$_2$ 胁迫后植物小 RNA 高通量测序数据分析

取对照组和 30mg/m^3 SO$_2$ 胁迫组拟南芥植株，利用 Trizol 法（Invitrogen）提取总 RNA，用 DNA 酶（RNase-free，New England BioLabs）去除残留 DNA。取对照和胁迫组总 RNA 样品，采用变性聚丙烯酰胺凝胶电泳分离纯化出 18～30nt 的小 RNA 片段，分别在 3′端和 5′端连上接头序列，经 RT-PCR 扩增构建小 RNA 文库，直接用于测序。测序在高通量 Solexa 平台进行（华大基因）。

通过去接头、去低质量、去污染等一系列处理得到干净的序列（clean reads），统计小 RNA 的序列种类（用 unique 表示）及序列数量（用 total 表示），并对小 RNA 序列做长度分布统计；统计两样品间公共序列和特有序列的种类及数量分布情况；将所有小 RNA 与 Genbank 和 Rfam（10.1）数据库中的各类 RNA 进行比对，注释测序得到的小 RNA 序列，没有任何注释信息的小 RNA 用未注释序列（unann）表示；将小 RNA 序列与 miRNA 数据库（miR Base release：19.0）中拟南芥 miRNA 序列进行比对，鉴定样品中的已知 miRNA。选择没有匹配上任何注释信息的小 RNA 进行新 miRNA 的预测。利用在线软件 MFOLD3.2 对目标 miRNA 位点上游和下游各 150bp 范围内的序列进行其前体的二级折叠结构分析，并用 miREAP 软件进行评估，筛选二级结构严格符合 miRNA 前体特征的序列作为新 miRNA 基因。利用在线软件 miRU 和 WMD3 预测差异表达 miRNA 的靶基因，并进行 GO 富

集分析和 KEGG 通路分析。

将对照组和 SO_2 组样品归一化到同一个量级，统计两个样品中已知 miRNA 和新 miRNA 的表达水平，并分别使用 log2 - ratio 和 Scatterplot 图比较两个样品中 miRNA 表达量的差异，筛选在 SO_2 处理组和对照组间有显著表达差异的 miRNA。

（一）基本生物信息分析

1. 拟南芥小 RNA 序列数量及长度分布

利用高通量 Solexa 测序技术在对照组和 SO_2 处理组拟南芥的小 RNA 库中分别获得原始序列 19 362 042 条和 22 140 066 条，其中有高质量序列 19 284 355 条和 22 053 722 条。去除接头并滤去低质量数据后，分别获得干净序列（clean reads）19 092 646 条和 21 691 110 条，占高质量序列的 99.01％和 98.36％。将序列相同的干净序列归为一类，作为小 RNA 种类（unique sRNAs），在对照组和 SO_2 处理组分别获得小 RNA 种类 3 319 074 条和 3 310 839 条，这些序列将用于后续进一步的分析和 miRNA 的鉴定（表 5-1）。

表 5-1 拟南芥小 RNA 的测序片段的统计分析

分类	对照		SO_2	
	数量（条）	百分比（％）	数量（条）	百分比（％）
total _ reads	19 362 042		22 140 066	
high quality	19 284 355	100	22 053 722	100
3′adapter _ null	4 519	0.02	4 427	0.02
insert _ null	12 508	0.06	21 411	0.10
5′adapter _ contaminants	126 591	0.66	186 649	0.85
small than 18nt	44 189	0.23	145 996	0.66
polyA	3 902	0.02	4 129	0.02
clean _ reads	19 092 646	99.01	21 691 110	98.36
unique sRNAs	3 319 074		3 310 839	

注：total _ reads，原始序列；high quality，高质量序列；3′adapter _ null，没有 3′ 接头的序列；insert _ null，没有插入片段的序列；5′adapter _ contaminants，有 5′接头污染的序列；small than 18nt，小于 18nt 的小片段；polyA，mRNA 降解片段；clean _ reads，干净序列；unique sRNAs，sRNAs 的种类。

2. 拟南芥小 RNA 序列长度分布

对小 RNA 序列长度分布进行统计分析，发现对照组和 SO_2 处理组拟南芥的小 RNA 长度主要分布在 20~24nt 之间，占到各自总小 RNA 序列的 89%，这与 DCL 酶切割产物相一致。在 20~24nt 小 RNA 序列中，21nt 和 24nt 的小 RNA 序列丰度比较高，但是它们在两个小 RNA 库中所占的比例有明显差异。在对照组中，所占比例最大的是 24nt 的小 RNA，其次是 21nt 的小 RNA，这与前人所得拟南芥小 RNA 长度的分布结果一致；而在 SO_2 处理组中，24nt 小 RNA 所占比例呈现下降趋势，所占比例最大的是 21nt 小 RNA（图 5-1）。

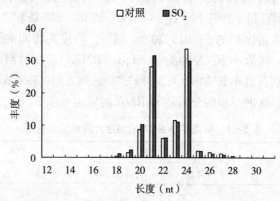

图 5-1　拟南芥小 RNA 序列的长度分布

3. 公共及特有序列

统计对照组和 SO_2 处理组拟南芥小 RNA 库中的公共及特有序列的种类（用 unique 表示）及数量（用 total 表示）分布情况，得出两样品小 RNA 总数为 40 783 756 条，种类共为 5 476 563 种。两样品共有小 RNA 数所占百分比为 87.44%，共有小 RNA 种类所占百分比为 21.06%。对照组和 SO_2 处理组中特有的小 RNA 数所占比例均为 6.28%，特有的小 RNA 种类所占比例分别为 39.55% 和 39.39%。

（二）高级生物信息分析

1. 拟南芥小 RNA 与基因组比对

通过 SOAP 将测序所得小 RNA 与拟南芥基因组进行序列比对，发现对照组和 SO$_2$ 处理组中 80％以上小 RNA 序列能比对到基因组序列上，占小 RNA 种类总数的 60％以上（表 5 - 2）。同时，将比对到的不同染色体上的序列进行位置分布统计，发现分布于每条染色体正链和负链上的小 RNA 片段数量相近，且对照组和 SO$_2$ 处理组中小 RNA 序列在染色体上的分布基本一致。

表 5 - 2 拟南芥小 RNA 在基因组定位信息统计

分类	对照			SO$_2$		
	数量/个	比对上基因组/个	百分比/％	数量/个	比对上基因组/个	百分比/％
Unique sRNAs	3 319 074	2 229 012	67.16％	3 310 839	2 214 628	66.89％
Total sRNAs	19 092 646	16 732 447	87.64％	21 691 110	19 107 360	88.09％

2. 拟南芥小 RNA 与重复序列比对

将测序得到的小 RNA 与拟南芥重复序列进行比对，发现对照组和 SO$_2$ 处理组拟南芥小 RNA 主要存在于 rRNA、LTR/Gypsy、DNA/MuDR：1 和 DNA/MuDR：0 等重复区域。

3. 拟南芥小 RNA 分类注释

通过将测序所得序列与 miRBase、GeneBank 和 Rfam 等数据库的比对，拟南芥小 RNA 序列可以注释为不同的类型，包括外显子反向序列（exon_antisense）、外显子序列（exon_sense）、内含子反向序列（intron_antisense）、内含子序列（intron_sense）、miRNA、重复序列（repeat）、rRNA etc（包括 rRNA、tRNA、snRNA、snoRNA）和未注释序列（unann）（表 5 - 3）。在以上这些注释信息中，一个小 RNA 可能同时比对两种不同的注释信息。为了使每个 unique sRNA 有唯一的注释，按照 rRNA etc -> known miRNA -> repeat -> exon -> intron 的优先级顺序将 sRNA 遍历。Genbank 和 Rfam 两个数据库间的优先级为 Genbank>Rfam。

表 5-3　拟南芥小 RNA 的类型和数量

分类	对照				SO₂			
	unique sRNAs /种	百分比 /%	Total sRNAs /条	百分比 /%	unique sRNAs /种	百分比 /%	Total sRNAs /条	百分比 /%
总数	3 319 074	100.00	19 092 646	100.00	3 310 839	100.00	21 691 110	100.00
外显子反向序列	74 633	2.25	218 627	1.15	73 875	2.23	217 691	1.00
外显子序列	154 895	4.67	429 839	2.25	159 965	4.83	437 957	2.02
内含子反向序列	24 430	0.74	90 471	0.47	24 515	0.74	92 505	0.43
内含子序列	23 903	0.72	103 698	0.54	23 997	0.72	105 343	0.49
已知 miRNA	4 133	0.12	4 884 330	25.58	4 496	0.14	6 402 271	29.52
核糖体 RNA	198 831	5.99	3 550 315	18.60	193 313	5.84	3 910 657	18.03
miRNA 重复序列	1 023 914	30.85	3 365 067	17.62	1 009 641	30.50	3 449 231	15.90
小核 RNA	3 633	0.11	9 975	0.05	3 792	0.11	11 273	0.05
核仁小 RNA	2 542	0.08	5 070	0.03	2 456	0.07	5 326	0.02
转运 RNA	37 608	1.13	743 905	3.90	38 615	1.17	1 088 840	5.02
未注释序列	1 770 552	53.34	5 691 349	29.81	1 776 174	53.65	5 970 016	27.52

结果表明，在拟南芥地上组织的小 RNA 中，种类最多的是未注释的小 RNA，其次是重复序列和 rRNA。表达数量最多的是已知 miRNA，其次是未注释的小 RNA 和 rRNA，说明虽然已知 miRNA 是拟南芥中表达水平最高的一类小 RNA，但是仍有大量没有被发现和注释的小 RNA，它们可能是一些新的 miRNA 或其他类型的小 RNA。

在对照组中，已知 miRNA 的种类有 4 133 种，占到总小 RNA 种类的 0.12%，已知 miRNA 的数量有 4 884 330 条，占到了总小 RNA 数量的 25.58%。在 SO₂ 处理组中，已知 miRNA 的种类有 4 496 种，占到总小 RNA 种类的 0.14%，已知 miRNA 的数量有

6 402 271 条，占到了总小 RNA 数量的 29.52%，已知 miRNA 所占比例改变说明 SO₂ 处理下拟南芥地上组织细胞中已知 miRNA 表达水平发生改变。

4. 拟南芥已知 miRNA 鉴定

将测序所得小 RNA 序列与 miRBase 中拟南芥已知的 miRNA 前体/miRNA 成熟序列进行比对，在对照组拟南芥地上组织中，检测出已知 miRNA 分子 221 条，miRNA 前体 242 条，匹配 miRNA 前体的种数 4 133 种，匹配 miRNA 前体的总表达量 4 884 330。在 SO₂ 处理组，检测出已知 miRNA 分子 217 条，miRNA 前体 242 条，匹配 miRNA 前体的种数 4 496 种，匹配 miRNA 前体的总表达量 6 402 271（表 5-4）。

表 5-4 拟南芥已知 miRNA 数量统计

	miRNA /条	miRNA 前体 /条	匹配 miRNA 前体的种数/种	匹配 miRNA 前体的总表达量
miRBase 中的已知 miRNA	272	298	—	—
对照组	221	242	4 133	4 884 330
SO₂ 处理组	217	242	4 496	6 402 271

5. 拟南芥新 miRNA 预测

miRNA 前体的标志性发夹结构，能够用来预测新的 miRNA。利用生物信息学方法，对未注释但可以比对到基因组的序列，通过其结构及 DCL 酶切位点信息、能量等特征，预测拟南芥中候选的 miRNA 分子。在对照组中预测到新 miRNA 分子共 47 个，新 miRNA 总表达量 3 796。在 SO₂ 处理组中，预测到新 miRNA 分子共 51 个，新 miRNA 总表达量 4 041（表 5-5）。

表 5-5 拟南芥新 miRNA 预测统计

	新 miRNA 数量/个	新 miRNA 总表达量
对照组	47	3 796
SO₂ 处理组	51	4 041

对预测的拟南芥新 miRNA 特征进行分析，发现这些新 miRNA 前体序列的长度在 85～366nt 之间，最少折叠自由能在 —188.8kcal/mol 至—18.41kcal/mol 之间，新 miRNA 的长度分别为 20～24nt，其中 20～23nt 的新 miRNA 序列首位点碱基多为 U，而 24nt 的新 miRNA 首位点碱基为 A，这些特征均符合植物 miRNA 的特点。

二、植物 SO_2 胁迫响应 miRNA 及其靶基因分析

（一）植物 SO_2 胁迫响应 miRNA 发掘

SO_2 处理后，拟南芥地上组织中共有 186 个 miRNA 分子表达发生改变。miR160b、miR780.1、miR393a 和 miR393b 为极显著差异表达，其中 miR160b 上调表达 2.11 倍，miR780.1 上调表达 2.08 倍，miR393a 和 miR393b 上调表达 1.12 倍。miR780.2、miR394a 和 miR394b 为显著差异表达，其中 miR780.2 上调表达 1.25 倍，miR394a 和 miR394b 上调表达 1.03 倍（表 5 - 6）。

同时，SO_2 处理诱导 12 个新 miRNA 分子极显著差异表达。其中，miR48、miR49、miR52、miR53、miR63、miR66 和 miR67 为极显著上调表达，miR2、miR14、miR20、miR43 和 miR44 为极显著下调表达（表 5 - 6）。

表 5 - 6　SO_2 胁迫后拟南芥地上组织显著差异表达 miRNA 分子

miRNA 分子	序列	变化倍数 （$Log_2 SO_2$/control）	差异 显著性
ath-miR160b	TGCCTGGCTCCCTGTATGCCA	2.11	**
ath-miR393a	TCCAAAGGGATCGCATTGATCC	1.12	**
ath-miR393b	TCCAAAGGGATCGCATTGATCC	1.12	**
ath-miR780.1	TCTAGCAGCTGTTGAGCAGGT	2.08	**
ath-miR780.2	TTCTTCGTGAATATCTGGCAT	1.25	*
ath-miR394a	TTGGCATTCTGTCCACCTCC	1.03	*

（续）

miRNA 分子	序列	变化倍数 (Log₂ SO₂/control)	差异显著性
ath-miR394b	TTGGCATTCTGTCCACCTCC	1.03	*
novel-miR48	TACATTGACCTCCAAGATCTC	7.16	**
novel-miR49	TTCGGTTACAGACGAGGCGGTTA	6.79	**
novel-miR52	AAAGAGGACAATATCATACTA	7.25	**
novel-miR53	CCTAAATAGACGGATATCCTTTA	7.06	**
novel-miR63	TTTGACAAAGATGTAGTGGGCCA	8.66	**
novel-miR66	TCGTCAAATTCTGTGTCGGCA	7.01	**
novel-miR67	AAAGAGATCAGAGAAGACATGG	7.01	**
novel-miR2	TCTTGTAGTAGAGCGGGTGATTA	−6.78	**
novel-miR14	TAGAAGAATCTTTGTCGTGAC	−7.75	**
novel-miR20	GCGGCGACGAAACGAACAGACTA	−9.47	**
novel-miR43	AAGGATTGCTACGTAGGAGAG	−8.58	**
novel-miR44	ACAGATATGGAAGAGGGGCTCC	−10.48	**

注：* 表示差异显著，** 表示差异极显著。

（二）SO₂ 胁迫响应 miRNA 分子靶基因预测

对 SO₂ 胁迫响应的 miRNA 分子进行靶基因预测，结果 7 个发生了显著差异表达的已知 miRNA 分子预测到 10 个靶基因，5 个发生了显著差异表达的新 miRNA 分子预测到 8 个靶基因。其中，保守 miRNA 分子的 8 个靶基因和新 miRNA 分子的 4 个靶基因为目前已知功能的基因。

根据 Gene Ontology（GO）分类法则对这些已知功能靶基因进行了初步功能分类，发现这些基因主要涉及植物生长和发育、信号转导、结合、代谢、刺激响应等生理过程。

为了进一步阐明 miRNA 靶基因的功能，我们对这些靶基因进行 KEGG 代谢通路分析，发现这些靶基因主要参与植物激素信号转导途径（Ko04075）、嘌呤代谢（Ko00230）、植物生理节律

（Ko04712）、植物-病原菌互作途径（Ko04626）和核糖体途径（Ko03010）（表5-7）。

表5-7 SO₂ 胁迫响应 miRNA 分子靶基因的 KEGG 通路分析

	KEGG 通路	保守 miRNA 靶基因	通路 ID
1	植物激素信号转导途径	6（75%）	Ko04075
2	植物生理节律	1（12.5%）	Ko04712
3	嘌呤代谢	1（12.5%）	Ko00230

	KEGG 通路	新 miRNA 靶基因	通路 ID
1	核糖体途径	1（50%）	Ko03010
2	植物-病原体互作途径	1（50%）	Ko04626

（三）SO₂ 胁迫响应 miRNA 分子表达模式

为了进一步验证小 RNA 高通量测序的结果，我们挑选显著差异表达的 miR394a、novel-miR66 分子和差异表达且具有重要生理功能的 miR171c、miR319a 和 miR843 分子，利用荧光定量 PCR 对 SO₂ 胁迫 0h、6h、24h 和 72h 后拟南芥地上组织中 miRNA 的表达水平进行分析。结果表明，miR843 在 SO₂ 处理各时间段表达量均呈现下调趋势，miR171c、miR319a、miR394a 和 novel-miR66 的表达量在 SO₂ 处理的各时间段有所差异，但均呈现上调趋势，与测序结果一致，证实了高通量测序结果的可靠性和 miRNA 分子对 SO₂ 胁迫的转录响应（图5-2）。

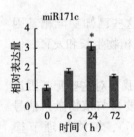
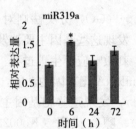
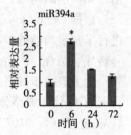

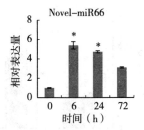
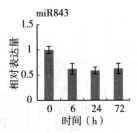

图 5-2 拟南芥 SO₂ 胁迫响应 miRNA 分子的表达模式

（四）SO₂ 胁迫响应 miRNA 分子靶基因表达模式

利用 qRT-PCR，我们对 SO₂ 胁迫响应的 miRNA 和其靶基因在不同时间段的表达特征进行分析，发现所选 miRNA 和其靶基因在 SO₂ 胁迫过程中表现出相反的表达变化趋势，多个靶基因参与了生长发育抑制调节过程（图 5-3）。拟南芥 miR171 调控的靶基因是 *SCL6*、*SCL22*、*SCL27* 转录因子基因，在植物生长发育和光信号转导过程中具有重要调控作用。miR319 作用于 *TCP* 转录因子基因，参与调控开花时间和叶发育等。SO₂ 胁迫后，*SCL6*、*SCL27* 转录因子基因表达水平降低，抑制植株的生长和发育。*TCP4* 基因转录水平降低，影响植物器官生长发育。研究结果表明，这些调控生长发育相关转录因子的 miRNA 受外界逆境胁迫诱导表达，并在逆境胁迫应答过程中发挥重要作用。拟南芥 miR843 调控阴离子通道基因 *SLAC1*，可参与对离子通道的控制，调控气孔的关闭。SO₂ 胁迫诱导拟南芥 miR843 下调表达，其靶基因 *SLAC1* 转录水平提高，进而诱导气孔关闭。

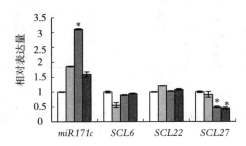

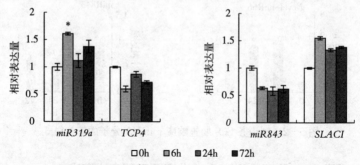

图 5-3 拟南芥 SO₂ 胁迫响应 miRNA 分子靶基因的表达模式

（五）SO₂ 胁迫后生长素相关 miRNA 分子及其靶基因表达模式

1. SO₂ 胁迫后 miR160 和 miR393 分子的表达模式

拟南芥 miR160 和 miR393 调控的靶基因是生长素信号通路中的关键因子，在植株的生长发育过程中起到重要作用。高通量测序结果表明，SO₂ 胁迫 72h 诱导 miR160b 和 miR393a/b 转录水平显著提高，说明 SO₂ 胁迫对 miR160 和 miR393 不同家族成员的表达均产生明显影响。qRT-PCR 检测发现，miR160b 和 miR393a 在 SO₂ 胁迫过程中转录水平提高，证实了测序结果的可靠性和 miR160 和 miR393 对逆境胁迫的转录响应（图 5-4）。

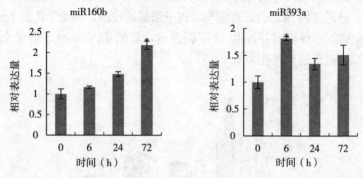

图 5-4 SO₂ 胁迫过程中拟南芥 miR160 和 miR393 分子的表达模式

2. SO₂ 胁迫后 miR160 和 miR393 分子靶基因的表达模式

拟南芥 miR160 的靶基因是生长素应答因子 *ARF10*、*ARF16*、*ARF17*，miR393 的靶基因是生长素受体 *TIR1*。qRT-PCR 结果表明，SO₂ 胁迫后，*ARF10*、*ARF16*、*ARF17* 和 *TIR1* 表达水平降低，与 miR60 和 miR393 分子的转录水平呈负相关（图 5 - 5）。

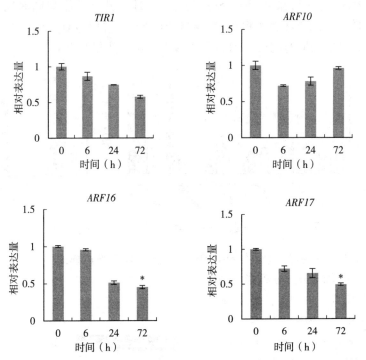

图 5 - 5　SO₂ 胁迫过程中拟南芥 miR160 和 miR393 分子靶基因的表达模式

（六）SO₂ 胁迫后植物 miR395 及其靶基因表达模式

1. SO₂ 胁迫过程中 miR395 分子的表达模式

植物 miR395 对其靶基因的调节作用在硫酸盐同化和分配过程中起着重要作用。qRT-PCR 结果表明，SO₂ 胁迫诱导拟南芥地上组织中 miR395 分子转录水平发生了明显变化（图 5 - 6）。在 6 个

pri-miR395 分子中，在 SO₂ 胁迫 6h 时 miR395d 转录水平显著上升，在 SO₂ 胁迫 72h 时 miR395e 转录水平显著提高。miR395a、miR395b、miR395c 和 miR395f 转录水平在 SO₂ 胁迫过程中变化不明显，说明 miR395 家族成员具有不同的表达调控机制，不同时间的 SO₂ 胁迫特异地影响不同 miR395 家族成员的转录。成熟miR395 分子转录水平在 SO₂ 胁迫 6h 时上升，可能与同时间段miR395d 的上调表达相对应，在胁迫 72h 后增加为对照组的 3.46倍，可能与同时间段 miR395e 的显著上调表达相对应。

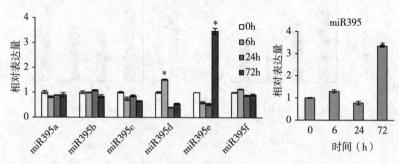

图 5 - 6　SO₂ 胁迫过程中拟南芥 miR395 分子的表达模式

2. SO₂ 胁迫过程中 miR395 分子靶基因的表达模式

植物 miR395 调控的靶基因为 ATP 硫酸化酶 *APS1*、*APS3*、*APS4* 和硫转蛋白 *SULTR2；1* 基因。研究发现，SO₂ 胁迫时拟南芥地上组织中 *APS1* 表达变化不明显，而 *APS3*、*APS4* 和 *SULTR2；1* 的表达水平随 SO₂ 胁迫时间的延长而显著降低（图 5 - 7），与 miR395 分子的转录水平呈负相关。

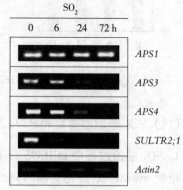

图 5 - 7　SO₂ 胁迫过程中拟南芥 miR395 靶基因的表达模式

（七）SO₂ 胁迫后植物 miR398 及其靶基因表达模式

1. SO₂ 胁迫过程中 miR398 分子的表达模式

miR398 是第一个被发现受逆境胁迫负调控的 miRNA。拟南芥 miR398 家族包括 3 个成员：miR398a、miR398b 和 miR398c。我们检测了 SO₂ 胁迫后 miR398 及其靶基因 CSD 在不同时间点的表达模式。结果表明，SO₂ 胁迫诱导 miR398a 和 miR398c 表达量降低，成熟 miR398 分子转录水平降低（图 5 - 8）。在对照组和 SO₂ 处理组中，miR398b 表达非常微弱，说明同一家族的 miRNA 成员虽然在序列上具有高度的同源性，但可能具有不同的调控机制和功能。

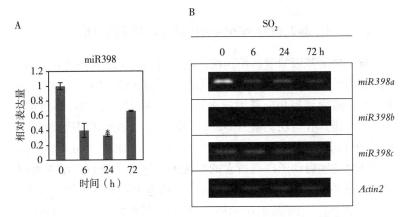

图 5 - 8　SO₂ 暴露过程中拟南芥 miR398 分子表达模式

2. SO₂ 胁迫过程中 miR398 靶基因的表达模式

miR398 的靶基因包括两个 Cu/Zn 超氧化物歧化酶（Cu/Zn-superoxide dismutase，CSD1 和 CSD2）和细胞色素 C 氧化酶。我们检测了 SO₂ 胁迫后 miR398 靶基因 CSD 在不同时间点的表达模式。结果表明，SO₂ 胁迫导致 CSD1 和 CSD2 基因转录水平提高，与 miR398 表达水平呈负相关（图 5 - 9），说明 miR398 在转录后水平调控其靶基因的表达水平，从而提高植物的抗氧化能力，胁迫诱导的 miRNA 参与了植物的抗逆生理过程。

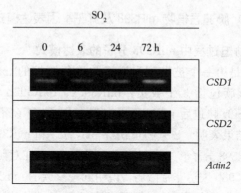

图 5-9　SO₂ 暴露过程中拟南芥 miR398 靶基因的表达模式

（八）SO₂ 胁迫响应 miRNA 分子前体启动子区分析

植物功能基因的表达模式往往由上游启动子序列决定，在基因的上游启动子区存在不同的作用元件，不同的转录因子可以与这些元件结合进而调控相应基因的表达量。miRNA 由 RNA 聚合酶 Ⅱ 转录，可能具有与功能基因类似的调控模式，因此我们选取所研究的 17 个 miRNA 基因上游 1 500bp 的序列，并利用 PlantCARE 在线软件对这些启动子序列所含的响应元件进行了分析。结果表明，这些 miRNA 基因启动子序列中有多个胁迫响应元件，如干旱响应元件（MBS）、水杨酸响应元件（TCA）、热激响应元件（HSEs）、低温响应元件（LTRs）、防御及胁迫响应元件（TC-rich repeats）、厌氧诱导元件（AREs）。另外，还存在一些激素响应元件，如脱落酸响应元件（ABRE）、赤霉素响应元件（GARE-motif）、乙烯应答反应元件（ERE）等；还有多个光响应元件。这些元件的存在表明 SO₂ 暴露对 miRNA 和功能基因具有类似的调控模式，进一步证明 miRNA 可以参与植物胁迫响应过程。同时，每个 miRNA 基因启动子区存在多个响应元件，预示着这些 miRNA 能参与多个胁迫响应过程，植物在响应 SO₂ 胁迫和其他胁迫时可能存在某些共同的通路（表 5-8）。

表 5 – 8 SO₂ 胁迫响应 miRNA 分子前体启动子区的胁迫响应元件

元件名称	功能	160b	171c	319a	393a	393b	394a	394b	843	398a	398b	398c	395a	395b	395c	395d	395e	395f
Box-W1	Fungal elicitor	1			1	1	1			2			1	2	1		3	2
ARE	Stress	1	5	2	1	2	1	1	1	1	3	1	1			3	6	3
MBS	Drought	2	2	1	1	1	1		1	2	2	1			1	2	4	4
HSE	Heat stress		2		2		2				3		3	3	1	2		
LTR	Low temperature		1			1											1	1
TC-rich repeats	Defense and stress		1	4	2	2		1		1	5	1	4	3	2	1	2	2
ABRE	ABA	1	2		2	1	2			1		3	1	1				3
TATC-box	GA							1		1	2	1	1	1		1	1	1
GARE-motif	GA				2	1	2	2	1				1	1	1	1	1	
TCA-element	SA			3	2		2	2	1	4	2	2	1	1	1			2
TGA-element	Auxin				1		1				1		1	1	1	1	1	
ERE	Ethylene	1		1	2		2		1	1								2
CGTCA-motif	MeJA		1	1		3		3	1		1			2		1	2	
TGACG-motif	MeJA		1	1		3		3	1		1			2		1	2	

（九）SO₂ 胁迫响应 miRNA 分子可参与多种胁迫响应

SO_2 胁迫后，植株胞内产生大量的活性氧，其他非生物胁迫如 O_3、UVB、盐、热等也会导致植物体内产生过量的活性氧。活性氧不仅是细胞氧化还原过程中形成的有害副产物，而且是一种重要的信号转导分子，可介导细胞对环境胁迫的应答，在植物抗逆过程中起着非常重要的作用。因此，以本实验的数据为基础，将参与 SO_2 胁迫与几种主要的非生物胁迫响应的 miRNAs 分子进行比对分析。结果表明，SO_2 胁迫与盐、干旱、臭氧胁迫响应的 miRNAs 分子具有较高的相似度。1 个 miRNA 分子可参与多种非生物胁迫（包括 SO_2 胁迫）响应，特别是 miR171 可参与盐、干旱、热、臭氧、营养元素缺乏等多种胁迫响应过程（表 5 - 9）。

表 5 - 9　拟南芥 miRNA 对 SO₂ 和其他非生物胁迫的响应

	二氧化硫	盐	干旱	热	臭氧	紫外线	低N	低C	低S	低P
miR393	+	+	+		+					+
miR160	+				+	+	+	+	+	
miR780.1	+						+			
miR780.2	+	+								
miR394	+	+			+					
miR395			+				-		+	
miR319	+	+	+	+				-		+
miR171	+	+	+	+	+	+	+	-		+
miR398	-		+				-			-
miR843	-	+					-			

三、植物 miRNA 对 SO₂ 胁迫的响应

miRNA 在真核生物发育进程和应激反应的基因表达调控中起

着重要的作用（Jover-Gil et al.，2005；Shukla et al.，2008）。多种逆境均会诱导 miRNA 的表达，从而在转录或转录后水平调控胁迫应答基因的表达，最终通过形态或生理上的变化达到对逆境的适应（Sunkar et al.，2007；Axtell et al.，2007）。因此，对 miRNA 及其靶基因在胁迫响应中作用的研究，有助于探明 miRNA 所介导的基因表达调控网络以及 miRNA 对逆境胁迫的应答机制，同时为提高植物抗逆能力提供新的途径。

本研究中，SO$_2$ 暴露后，我们利用 Solexa/Illumina 高通量测序鉴定拟南芥地上组织整个基因组范围内参与胁迫响应的多种 miRNA。在对照组和 SO$_2$ 处理组中，分别获得干净序列 19 092 646 条和 21 691 110 条，小 RNA 种类分别为 3 319 074 种和 3 310 839 种。通过对文库中小 RNA 的长度分布进行统计，发现对照组中 24nt 的小 RNA 为主要类型，这与前人所得拟南芥小 RNA 长度的分布结果一致（Xie et al.，2005；Rajagopalan et al.，2006）。而在 SO$_2$ 处理组中，21nt 的小 RNA 为主要类型，24nt 的小 RNA 含量次之。同时，统计对照组和 SO$_2$ 处理组小 RNA 文库中公共及特有序列，发现在对照组和 SO$_2$ 处理组中，均有大量特有的小 RNA 序列。这些研究结果表明，SO$_2$ 处理后拟南芥地上组织细胞中小 RNA 的表达水平发生明显改变。

通过与数据库的比对，测序所得拟南芥小 RNA 序列可以注释为不同的类型。但是，仍有大量不能归类的小 RNA，它们可能是一些新的 miRNA 或其他类型的小 RNA。利用生物学软件，我们预测了多个拟南芥新的 miRNA 分子，并利用生物软件预测到部分新 miRNA 分子的靶基因。同时，SO$_2$ 暴露诱导多个新 miRNA 分子极显著差异表达。因此，对这些小 RNA 及其靶基因的表达特性和功能进一步的证实和研究，将有利于丰富数据库中拟南芥 miRNA 的种类和数量，并有助于加强对植物 miRNA 调控基因表达机制及其功能的理解。

SO$_2$ 暴露诱导拟南芥地上组织中 miR160、miR780.1、miR780.2、miR393 和 miR394 表达显著上调。利用生物软件预测

SO_2 胁迫响应 miRNAs 分子的靶基因，并对其进行功能分类，发现这些基因主要涉及植物生长和发育、信号转导、结合、代谢、刺激响应等生理过程。miR780.1 调控 Na^+ 离子交换，miR160 的靶基因为生长素应答因子基因 *ARF*，它们在植物的生长发育和逆境应答等过程中发挥重要作用。此外，miR393 和 miR394 的分别作用于 *TIR1*、*AFB2*、*AFB3* 和 *LCR*，它们在植物适应非生物胁迫过程中有着重要作用。

SO_2 处理后，高通量测序检出的显著差异表达 miRNA 分子较少，因此我们同时挑选了差异表达且具有重要生理功能的多种 miRNA 分子，利用荧光定量 PCR 检测 miRNAs 分子及其靶基因表达水平，发现 miR160、miR393、miR394、miR171、miR319 表达水平提高，而其靶基因转录水平下降，证明了高通量测序结果的可靠性。另外，对不同 miRNA 在不同时间点的表达模式也进行了检测，发现 miRNA 分子与其靶基因表达水平呈负相关，进一步说明 miRNA 分子对 SO_2 胁迫存在转录响应，并且参与调控其靶基因的表达，从而在植物适应 SO_2 胁迫过程中发挥重要作用。

高通量测序结果还发现，SO_2 胁迫后，同一家族的 miRNA 成员具有相似的表达模式。Liu 等（2008）利用芯片检测拟南芥在高盐、干旱、冷害等环境胁迫下的表达，发现同一家族的成员也多具有相似的表达模式。这说明微阵列芯片、高通量测序等技术，虽然有广阔的应用前景和明显优势，但其不能有效区分序列相似的同一家族的不同 miRNA 成员。

（一）SO_2 胁迫诱导 miRNA 参与植物生长发育的调控

最早，miRNA 的功能研究主要集中于对动植物生长发育的调控。通过对 miRNA 靶基因的预测及功能分析，发现大部分的靶基因编码转录因子，参与调控的植物生长发育过程，主要包括激素信号转导、细胞代谢、根和叶器官分化、花器官的形成与生殖等（Jones-Rhoades et al.，2004）。近年来的研究发现，很多在生长发育过程中起重要调控作用的 miRNA 在植物逆境胁迫响应过程中也扮演重要角色。

参与生长发育调控的 miRNA 如 miR160、miR393 在植物抵抗 SO₂ 胁迫过程中发挥重要作用。拟南芥 miR160 的靶基因是生长素应答因子 *ARF10*、*ARF16*、*ARF17*，miR393 的靶基因是生长素受体 *TIR1*。ARF 是生长素信号响应途径中关键的早期蛋白，TIR1 蛋白与 Aux/IAA 蛋白结合并将其降解，从而释放 ARF 转录因子，ARF 可激活或抑制下游生长素应答基因的表达。qRT-PCR 结果表明，SO₂ 胁迫后，拟南芥 miR160 和 miR393 转录水平提高，而其靶基因 *ARF10*、*ARF16*、*ARF17* 和 *TIR1* 表达水平降低，与 miR60 和 miR393 的转录水平呈负相关。因此，SO₂ 胁迫诱导拟南芥 miR160 和 miR393 差异表达，通过对靶基因进行转录后表达的调控，导致细胞中 ARF 转录因子水平降低，从而通过生长素信号途径调节植株的生长发育过程，在植物应对环境胁迫过程中发挥重要作用。

miR171 和 miR319 分别作用于 *SCL* 和 *TCP* 转录因子基因，参与调控植株的生长发育。SO₂ 胁迫后，拟南芥 *SCL6*、*SCL27* 转录因子表达水平降低，抑制植株的生长和发育。*TCP4* 基因转录水平降低，使叶细胞周期终止变慢且叶细胞增殖加快，从而促进叶器官形态建成和发育（罗茂等，2011）。前期研究表明，低浓度 SO₂ 暴露对拟南芥植株的生长发育有一定的促进作用，高浓度 SO₂ 暴露会抑制植株的生长发育，使株高、单株叶片数和单叶面积减少（李利红等，2008）。由此可见，SO₂ 胁迫诱导调控生长发育相关转录因子的 miRNA 差异表达，从而调控 SO₂ 胁迫过程中植株的生长发育，在植物的胁迫应答过程中发挥重要作用。植物的发育过程和逆境胁迫适应过程并不是完全独立的，许多胁迫条件会导致植物产生异常的发育表型，可以将处在逆境胁迫时期的植物看作处于一种特定的发育时期，植物通过对其生长发育进行适应性调整从而提高植物抵抗逆境胁迫的能力（李培旺等，2007；Liu et al.，2008）。因此，许多 miRNA 的靶基因就同时参与植物的生长发育和抵抗逆境胁迫的过程。

（二）SO_2 胁迫诱导 miRNA 参与植物胁迫应答的调控

很多研究已证明，miR398 在植物逆境胁迫过程中发挥重要作用（丁艳菲等，2010）。miR398 靶基因是 Cu/Zn 超氧化物歧化酶基因（CSD1/CSD2），该种酶是胞内主要的清除活性氧（O_2^-）的抗氧化酶。研究发现，拟南芥在遭受铜、强光照、臭氧、盐害等非生物胁迫与病原菌胁迫时，miR398 表达量下调，靶基因 CSD1 和 CSD2 表达上调（Jagadeeswaran et al.，2009）。SO_2 胁迫后，拟南芥 miR398 的表达量呈现降低的趋势，而其靶基因 CSD1 和 CSD2 的转录水平呈不断升高的趋势，二者表现出动态的、相反的表达变化，说明 miR398 介导的基因转录后调节机制结合其他的基因表达调控方式，共同参与胁迫过程中拟南芥 CSD 基因的表达调控。同时，CSD 的转录水平提高，翻译合成大量的 SOD 蛋白，SOD 活性提高，有效清除活性氧 O_2^-，以维持逆境生理中胞内环境的相对稳定，说明 miR398 在转录后水平调控其靶基因的表达水平，从而提高植物的抗氧化能力，胁迫诱导的 miRNA 参与了植物的抗逆生理过程。

miR395 是植物硫胁迫相关的 miRNA。最近研究发现，在高盐、低硫和镉胁迫时 miR395 表达上调。SO_2 胁迫后，拟南芥地上组织中 pri-miR395（miR395d 和 miR395f）和成熟 miR395 分子转录水平提高，其靶基因 APS3、APS4 和 SULTR2；1 的表达水平随 SO_2 胁迫时间的延长显著降低，说明 SO_2 胁迫诱导 miR395 转录水平提高，导致其靶基因的表达水平降低。SO_2 胁迫对 miR395 转录水平的调控与高盐、低硫和镉胁迫下表达模式是相似的，这些环境因子都可以诱导氧化胁迫。同时，研究还表明，在缺硫条件下，添加 GSH 可以抑制 miR395 的诱导表达（Jagadeeswaran et al.，2014）。因此，我们推测 miR395 转录水平的提高可能与胁迫诱导的氧化还原状态改变有关，这还有待进一步的研究。

拟南芥 miR395 的靶基因是 ATP 硫酸化酶基因（APS）和硫转蛋白基因（SULTR2；1）。ATP 硫酸化酶是硫同化途径的关键酶，硫酸盐进入体内后在 ATP 硫酸化酶的介导下经同化作用合成半胱氨酸和其他含硫化合物。硫转蛋白 SULTR2；1 可以将游离的硫酸根从老叶转运到正在发育的幼叶。SO₂ 胁迫诱导拟南芥 miR395 转录后水平提高，其靶基因 *APS3*、*APS4* 和 *SULTR2*；*1* 表达水平降低，参与调节体内硫酸盐的同化和转运。SO₂ 胁迫后，拟南芥地上组织中抗氧化物质 GSH 含量增加，GSH-PX 和 GST 酶活性增强，有效清除植物细胞中的活性氧和其他胞内有毒代谢物，可以提高植物的抗氧化能力，缓解 SO₂ 胁迫对植株的损伤。可见，SO₂ 胁迫诱导的 miR395 对于硫同化过程的调节属于比较温和的微调，miR395 作为一种负调控因子抑制 SO₂ 引起的 ATP 硫酸化酶活性过度增加，以维持胞内硫酸盐浓度的稳定。

拟南芥 miR843 调控阴离子通道基因 *SLAC1*，可参与对离子通道的控制，调控气孔的关闭。SO₂ 胁迫诱导拟南芥 miR843 下调表达，其靶基因 *SLAC1* 转录水平提高，进而诱导气孔关闭，使进入植物体的 SO₂ 量减少，以提高植物对环境的耐受性。

（三）胁迫应答 miRNA 分子的调控机制

对于功能基因，它的表达模式往往取决于其启动子，而对于 miRNA 的调控方式目前还不清楚。植物 miRNA 的表达受其上游序列的调控。SO₂ 胁迫响应 miRNA 前体上游序列中存在一个或多个识别激素、光、胁迫等响应元件，如 AREs、TCA-element 和 ABREs 等元件，这些元件可以响应多种不同的生物和非生物胁迫，从而解释了 miRNA 的胁迫诱导特性，也说明 miRNA 的表达可能取决于其上游序列中顺式作用元件的调控作用，而且具有和功能基因启动子类似的调控方式。miRNA 基因的表达比编码蛋白基因更迅速，不受翻译过程影响，对目标基因表达的调控效率更高，这不仅仅丰富了我们对基因表达调控的认识，还帮助我们从一个更加深刻的角度理解基因的复杂性。

miRNA 基因上游序列中存在多个调控元件，对 miRNA 自身的表达起到关键的调控作用，说明 miRNA 上游的调控因子与下游的靶标组成了一个完整的调控网络，展现了细胞中基因表达全方位、多层次的调控网络系统。拟南芥中多个 miRNA 的表达受到 SO_2 胁迫的诱导，其对靶基因的负调节在植物的逆境适应与生存中起到重要作用，揭示了 miRNA 在逆境胁迫应答网络中的重要地位。

四、小结

综上所述，利用高通量测序研究表明，SO_2 胁迫诱导多个 miRNA 分子转录水平改变，这些 miRNA 分子靶基因的功能主要涉及生长发育、转录调控、胁迫响应、激素信号转导等。利用 qRT-PCR 检测 pri-miRNA、miRNA 及其靶基因在 SO_2 胁迫不同时间后的表达模式，证明了高通量测序数据的可靠性，同时也验证了 miRNA 对其靶基因的负调控。miR160 和 miR393 通过调控体内生长素应答因子基因 *ARF* 的水平，从而调节植株的生长发育。miR398 调节抗氧化酶 SOD 活性，提高植物的抗氧化水平。miR395 通过调节硫酸盐同化和转运过程，提高含硫抗氧化物及其相关抗氧化酶水平来提高植物抗性。由此可见，SO_2 胁迫后，拟南芥 miRNA 分子通过转录后水平负调控其靶基因，调节植株的生长发育，参与植物对 SO_2 的胁迫应答。

SO_2 胁迫应答 miRNA 前体上游序列中存在大量的胁迫响应元件和激素响应元件，对 miRNA 自身的表达起到关键的调控作用，说明 miRNA 上游的调控因子与下游的靶标组成了一个完整的调控网络，胁迫诱导 miRNA 改变表达对其靶基因进行负调节，参与植物的逆境响应与抗逆调控。

第六章　SO_2 提高植物抗旱性机理研究

SO_2 是常见的大气污染物之一。SO_2 主要通过气孔进入植物体内,溶于细胞液形成 HSO_3^- 和 SO_3^{2-}。对植物有毒害作用的 SO_3^{2-} 既可被亚硫酸氧化酶(SO)氧化为 SO_4^{2-},同时产生大量的活性氧(Lang et al.,2007;Randewig et al.,2012;Liu et al.,2017;Oshanova et al.,2021),也可进入硫同化途径,被亚硫酸盐还原酶(SiR)催化生成硫化物(S^{2-}),S^{2-} 在 O-乙酰丝氨酸(硫醇)裂解酶(OAS-TL)作用下合成半胱氨酸(Cys),半胱氨酸可作为前体进一步合成 GSH,在此过程中 H_2S 作为副代谢产物释放(Yarmolinsky et al.,2013;Arif et al.,2021a;尚玉婷 等,2018)。早在 1982 年,Hällgren 和 Fredriksson 研究发现 SO_2 熏气后松树针叶中释出 H_2S。但是,SO_2 熏气过程中植物体内 H_2S 的产生机制及其生理效应至今尚无报道。

近年来,在动物领域的研究发现,内源性 SO_2 在哺乳动物体内广泛存在,由含硫氨基酸代谢产生,具有诱导血管舒张、降低血压、抑制心肌损伤等多种生理和病理调节功能,由此改变了人们对这一有毒气体的看法。在植物中,外施一定浓度的 SO_2 能够调节植物响应逆境胁迫的生理过程。例如,外施 SO_2 供体溶液 $[Na_2SO_3:NaHSO_3(M:M)=3:1]$ 可提高重金属铝、镉胁迫下的小麦种子萌发率。此外,SO_2 暴露有助于增强拟南芥植株对灰霉菌的抗性(Hu et al.,2014;Zhu et al.,2015;Han et al.,2019)。

由于气候变暖和人口迅速增长,水资源短缺已成为全球面临的严峻挑战(Iyer et al.,2013;Zandalinas et al.,2021a)。在长期的进化过程中,作物通过表型、生理变化和应激反应来响应环境的干旱胁迫（Zhou et al.，2017；Singh et al.，2019；Wang et al.，2021）。植物遭受干旱胁迫时，植株株高降低，单叶叶面积和叶片数降低，总叶面积减小，并且叶片常常发生卷曲萎蔫，叶片气孔关闭，CO_2 利用率降低，光合效率下降。严重缺水时会损伤叶肉细胞，改变叶片光学特性，并使糖代谢紊乱，改变膜流动性和蛋白质之间的关系，最终导致植株死亡（Suzuki et al.，2014）。此外，干旱胁迫还可导致植物体内活性氧自由基大量增加，最终造成植物细胞的氧化损伤（Osakabe et al.，2014；Wei et al.，2019）。

H_2S 是继一氧化氮、一氧化碳之后发现的第三种气体信号分子。在植物体中，产生 H_2S 的途径有：直接通过叶片吸收大气中的 H_2S；通过半胱氨酸脱巯基酶（CDes）催化 L/D-Cys 降解生成 H_2S，这是植物体内源 H_2S 形成的主要途径；在亚硫酸盐还原酶（SiR）的作用下，SO_3^{2-} 发生还原反应生成 H_2S（Aroca et al.，2020；Corpas et al.，2020）。大量研究表明，H_2S 参与调节植物生长发育，如促进种子萌发、根形态建成，调节气孔运动，增强叶片的光合作用，延缓植物衰老，等等（Xuan et al.，2020；郭鸿鸣等，2016；Scuffi et al.，2014）。此外，H_2S 信号还可诱导胁迫相关基因表达、激活体内的抗氧化系统、减小气孔孔径，从而帮助植物抵抗干旱、盐、温度、重金属等环境胁迫（Shi et al.，2015；Arif et al.，2021b；Jin et al.，2017；Li et al.，2021）。

钙作为细胞内第二信使，介导了植物的整个生长发育周期，如生长发育、生理节律、氧化还原状态、激素的生物合成和信号转导等，并能响应各种生物和非生物胁迫（Ahmad et al.，2018；Wei et al.，2019）。干旱可通过调节钙转运体促使细胞内 Ca^{2+} 迅速增加，从而介导植物体内多种生理功能响应。如 Ca^{2+} 可提高干旱胁迫下小麦谷氨酰激酶活性，降低脯氨酸氧化酶活性，促进脯氨酸和甜菜碱的积累，减少干旱胁迫导致的损伤，从而促进小麦幼苗的生长；Ca^{2+} 增强了结缕草、粳稻抗氧化能力，缓解了干旱胁迫对其生长和光合作用的抑制作用（Rahman et al.，2016；Khan et al.，

2017；Roy et al.，2019）。

植物在生长过程中，常常同时遭受多种环境胁迫。植物遭遇某种不良环境后，会增强抵御这种环境特点的能力，还能产生防御其他不良环境的能力，称为植物的交叉适应。研究表明，植物对热激-干旱、低温-干旱、干旱-高盐存在交叉适应（Zhang et al.，2017；Hussain et al.，2019）。小麦是世界上最重要的粮食作物之一。SO_2 和干旱是影响植物生长和产量的两个重要的非生物胁迫。但是，植物对 SO_2 和干旱是否存在交叉适应及其机制未见报道。H_2S 和 Ca^{2+} 都是植物抗逆调节因子，对植物抗逆性具有重要的调节作用（Roy et al.，2019）。本研究分析了 H_2S 信号在拟南芥响应 SO_2 胁迫过程中的作用，并探讨 SO_2 暴露对小麦抗旱性的影响及 H_2S 和 Ca^{2+} 的调控作用。

一、H_2S 信号在拟南芥响应 SO_2 胁迫过程中的作用

（一）H_2S 和 SO_2 处理对拟南芥植株基因表达的影响

外源 H_2S（0.1mmol/L NaHS）处理 3d 后，拟南芥全基因组中差异表达基因（DEG）共有 3 160 个，其中上调表达基因 1 500 个，下调表达基因 1 660 个。在 SO_2（30mg/m³）熏气 40h 后，差异表达基因共有 1 892 个，其中上调表达基因 1 034 个，下调表达基因 858 个（表 6-1）。

表 6-1　差异表达基因数目统计表

	差异表达基因/个	上调表达基因/个	下调表达基因/个
H_2S 处理	3 160	1 500	1 660
SO_2 处理	1 892	1 034	858

通过绘制维恩图，在 H_2S 和 SO_2 处理组中发现 1 220 个共有差异表达基因，分别占各处理组差异表达基因的 38.6％和 64.5％。根据 Gene Ontology（GO）分类法则对共有差异表达基因进行初

步功能分类，发现其功能主要包括结合、催化、转录因子、转运、分子传感、酶调节、结构分子、受体、电子载体、抗氧化和营养储存，其中有多个硫代谢和谷胱甘肽代谢相关基因发生差异表达，如 *DES1*、*GST* 和 *GPX*（图 6 - 1、表 6 - 2）。

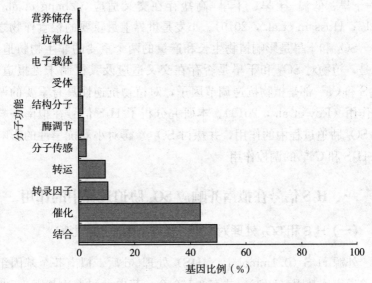

图 6 - 1　H_2S 和 SO_2 处理共有差异表达基因的功能分类

表 6 - 2　H_2S 和 SO_2 处理后部分差异表达基因

基因功能	基因名称	表达变化	
		H_2S 处理	SO_2 处理
硫代谢	*DES 1*	2.0	1.4
	GSTF 9	1.7	1.8
	GSTU 17	3.4	1.6
谷胱甘肽代谢	*GSTU 20*	1.9	1.5
	GSTF 11	1.9	1.5
	GPX 6	1.5	1.7

（二）H₂S 和 SO₂ 处理后硫代谢相关基因表达水平

H₂S 和 SO₂ 处理后，拟南芥植株中硫代谢相关基因 *LCD*、*DES1*、*DCD1*、*OASTL*、*SO* 和 *SiR* 表达水平发生改变（图 6 - 2）。H₂S 处理后，H₂S 合成相关基因 *LCD* 和 *DCD1* 表达量显著降低，而 *DES1* 表达量显著升高。O-乙酰丝氨酸（硫醇）裂解酶基因 *OASTL-A* 表达量显著提高，而 *OASTL-B* 和 *OASTL-C* 表达量显著降低。亚硫酸氧化酶基因 *SO* 和亚硫酸还原酶基因 *SiR* 表达量无明显变化。

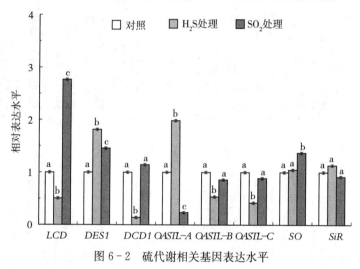

图 6 - 2　硫代谢相关基因表达水平

SO₂ 熏气后，H₂S 合成相关基因 *LCD* 和 *DES1* 显著上调表达，而 *DCD1* 表达量无明显变化。O-乙酰丝氨酸（硫醇）裂解酶基因 *OASTL - A* 表达量显著降低，而 *OASTL - B* 和 *OASTL - C* 表达量没有明显变化。亚硫酸氧化酶基因 *SO* 表达量增加，亚硫酸还原酶基因 *SiR* 表达水平无明显改变。

（三）H₂S 对 SO₂ 胁迫下拟南芥含硫化合物水平的影响

SO₂ 熏气后，拟南芥植株中 H₂S 和 GSH 含量增加，GST 和 GPX 活性显著高于对照组，说明 SO₂ 胁迫诱导胞内产生 H₂S，导致含硫抗氧化物 GSH 及其相关防御酶水平提高。

在 SO_2 熏气过程中，分别用 H_2S 供体（NaHS）或 H_2S 清除剂亚牛磺酸（HT）喷施拟南芥叶片。结果发现，外源 H_2S 处理显著提高了 SO_2 熏气下拟南芥植株 GSH 含量、GST 和 GPX 活性。相反，外源喷施 HT 后，SO_2 胁迫组拟南芥植株胞内 H_2S 和 GSH 含量、GST 活性均降低到对照水平，说明 H_2S 信号参与调控 SO_2 胁迫下拟南芥体内含硫化合物水平（图 6-3）。

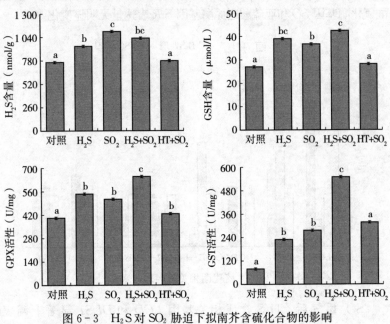

图 6-3　H_2S 对 SO_2 胁迫下拟南芥含硫化合物的影响

（四）H_2S 对拟南芥 SO_2 胁迫的缓解作用

SO_2 熏气后，拟南芥植株中活性氧 H_2O_2 含量显著增加，抗氧化酶 SOD 和 CAT 活性显著升高，膜脂过氧化产物 MDA 含量与对照组相比没有明显改变。

在 SO_2 熏气过程中喷施 H_2S 后，拟南芥植株中 SOD 和 CAT 活性维持在较高水平，H_2O_2 含量降低，说明外源 H_2S 可以有效缓

解 SO_2 熏气造成的氧化胁迫。相反，外源喷施 HT 后，SO_2 熏气拟南芥植株中 H_2O_2 含量维持在较高水平，CAT 和 SOD 活性显著降低，MDA 含量显著增加，说明清除 H_2S 分子导致拟南芥植株发生膜脂过氧化，进一步说明 H_2S 参与调控植物对 SO_2 胁迫的抗氧化应答（图 6-4）。

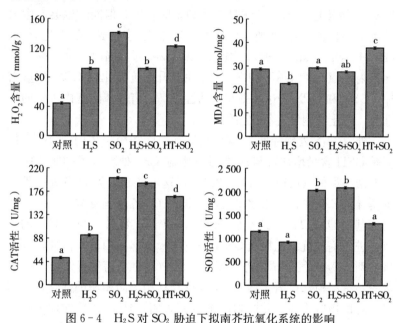

图 6-4　H_2S 对 SO_2 胁迫下拟南芥抗氧化系统的影响

（五）H_2S 信号在拟南芥响应 SO_2 胁迫过程中的作用

SO_2 是一种有毒的大气污染物。H_2S 是硫代谢途径中重要的中间产物，也是一种新型气体信号分子，在植物生长发育及抵抗生物和非生物胁迫过程中发挥重要作用（裴雁曦，2016；Chen et al.，2020；Zhang et al.，2021）。本研究中，外源 H_2S 和 SO_2 处理诱导拟南芥植株中多个基因差异表达，并且有 1 220 个基因在两种处理条件下均差异表达，涉及转录调节、信号转导、抗氧化应激等多种生理过程，其中包括多个硫代谢和谷胱甘肽代谢相关基因差异表达。拟南芥中多个基因既响应 SO_2 胁迫又受 H_2S 调节，揭示 SO_2 和 H_2S 处理间存在一定的联系，也暗示信号分子 H_2S 可能参与调节植物 SO_2 胁迫应答。

SO_2 熏气诱导拟南芥植株中亚硫酸氧化酶基因 *SO* 表达量增加。亚硫酸氧化酶可催化的反应为：$SO_3^{2-} + O_2 + H_2O \rightarrow SO_4^{2-} + H_2O_2$，缓解过量 SO_2 气体对植物细胞的伤害，但同时也会产生大量的活性氧，导致胞内 H_2O_2 含量增多，造成氧化胁迫（Brychkova et al.，2007；Xia et al.，2018）。同时，SO_2 熏气诱导胞内抗氧化酶 CAT 和 SOD 活性上升，抗氧化物 GSH 含量增加，GST 和 GPX 表达水平和酶活性提高，有效清除胞内过量的活性氧，防止细胞发生氧化损伤。

外源 H_2S 处理降低了 SO_2 熏气下拟南芥植株体内 H_2S 含量，但是 GSH 含量增加，与外源 H_2S 喷施 Cr^{6+} 处理谷子的实验中的研究结果类似（Fang et al.，2016），这可能是因为 H_2S 处理不仅可诱导 *DES1* 基因转录水平提高，同时 *O*-乙酰丝氨酸（硫醇）裂解酶基因 *OAS-TL* 表达量显著增加，使部分 H_2S 参与了 Cys 的合成，进而生成抗氧化物质 GSH（Birke et al.，2015）。因此，外源 H_2S 对 SO_2 熏气下拟南芥 CAT 和 SOD 活性没有明显影响，但可进一步提高植株抗氧化物 GSH 含量及其相关防御酶的活性，缓解 SO_2 对植物造成的氧化胁迫。本研究表明，外源 H_2S 处理影响植物体内的硫代谢过程，并可通过调控含硫化合物水平来提高植物对环境的适应能力。

对 H_2S 合成相关基因表达水平研究发现，SO_2 熏气对拟南芥植株中亚硫酸还原酶基因 *SiR* 转录水平没有明显影响，主要通过提高半胱氨酸脱硫基酶基因 *LCD* 和 *DES1* 表达水平来增加植株体内 H_2S 含量。同时，*O*-乙酰丝氨酸（硫醇）裂解酶基因 *OAS-TL* 表达量降低，减少利用 H_2S 合成 Cys，从而使胞内积累大量 H_2S。外源喷施 HT 清除胞内产生的 H_2S 后，拟南芥植株体内 CAT 和 SOD 活性显著降低，GSH 含量及 GST 活性回落到对照水平，膜脂过氧化产物 MDA 含量大幅增加，说明 SO_2 熏气诱导胞内产生

H$_2$S 作为信号分子，参与调控植物体的抗氧化防御反应，有效缓解细胞氧化损伤效应。另外，有研究表明，SO$_2$ 暴露诱导胞内产生 H$_2$S，促使植株产生抗氧化防御应答，提高后期干旱、Al 胁迫期间植株的抗氧化酶活性，增强植物的逆境适应能力（Zhu et al.，2015；Li et al.，2021）。因此，H$_2$S 信号分子不仅在植物响应 SO$_2$ 胁迫过程中发挥重要作用，同时还参与调控 SO$_2$ 暴露诱导植物体产生的对多种环境胁迫的交叉抗性。本文不仅阐明 H$_2$S 信号调节 SO$_2$ 胁迫应答的机理，还揭示了 H$_2$S 是 SO$_2$ 诱导植物产生交叉适应性的重要基础，对其详细机制的深入研究将为植物适应复杂多变的环境条件提供一条新的有效途径。

　　总之，利用高通量测序研究发现，H$_2$S 和 SO$_2$ 处理组拟南芥中出现多个共有差异表达基因，两者在调控硫代谢方面具有交互作用。外源喷施 H$_2$S 可提高 SO$_2$ 胁迫下拟南芥 GSH 及其相关酶水平，缓解 SO$_2$ 对植物造成的氧化胁迫。SO$_2$ 熏气诱导拟南芥 H$_2$S 合成酶半胱氨酸脱巯基酶基因转录水平提高，胞内 H$_2$S 含量增加。H$_2$S 作为信号分子，通过提高抗氧化防御能力来调控植物对 SO$_2$ 胁迫的响应。

二、SO$_2$ 暴露增强植物抗旱性及 H$_2$S 调控作用

（一）SO$_2$ 对干旱胁迫下植物成活率和相对含水量（RWC）的影响

　　将小麦幼苗分别暴露于 0mg/m^3、5mg/m^3、10mg/m^3、20mg/m^3 SO$_2$ 中 24h 后，平均分为 2 组，一组正常浇水，另一组不浇水，进行干旱处理。处理 10d 后，只进行干旱处理组小麦幼苗叶片卷曲萎蔫，甚至坏死，植株的成活率显著降低。5mg/m^3、10mg/m^3 SO$_2$ 熏气后植株形态均正常，5mg/m^3 SO$_2$ ＋干旱组和 10mg/m^3 SO$_2$ ＋干旱组幼苗叶片萎蔫程度较轻，叶片相对含水量和成活率提高。20mg/m^3 SO$_2$ 暴露后小麦幼苗出现少量坏死斑，20mg/m^3 SO$_2$ ＋干旱组幼苗相对含水量和成活率显著降低。以上结果表明，5mg/m^3 和 10mg/m^3 SO$_2$ 预处理能增强小麦幼苗对干旱的适应能力。与只进行干旱处理组相比，10mg/m^3 SO$_2$ ＋干旱组小麦幼苗成活率提高 34%，相对含水量

提高 21%。因此，后续实验中选用 $10mg/m^3$ 作为缓解干旱胁迫的 SO_2 处理浓度（图 6-5）。

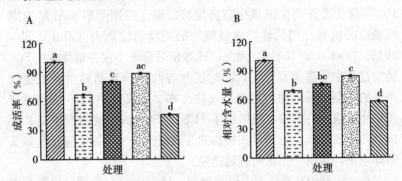

☑ 对照　☐ 干旱　☒ $5mg/m^3 SO_2$＋干旱　☒ $10mg/m^3 SO_2$＋干旱　☒ $20mg/m^3 SO_2$＋干旱

图 6-5　SO_2 对干旱胁迫下小麦幼苗成活率和相对含水量（RWC）的影响

（二）SO_2 提高干旱胁迫下植物体内 H_2S 含量

干旱处理后，小麦幼苗体内 H_2S 含量显著增加。与干旱处理组相比，$10mg/m^3 SO_2$＋干旱组小麦幼苗 H_2S 含量提高 15%。SO_2 预处理后，在小麦幼苗叶面喷施 0.5mmol/L 亚牛磺酸（HT），之后再进行干旱处理（SO_2＋HT＋干旱），小麦幼苗体内 H_2S 含量降低到干旱单独处理水平，进一步证明 HT 是内源 H_2S 的有效清除剂（图 6-6）。

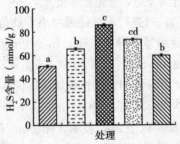

☑ 对照　☐ 干旱　☒ SO_2　☒ SO_2＋干旱　☒ SO_2＋HT＋干旱

图 6-6　SO_2 对干旱胁迫下小麦幼苗 H_2S 含量的影响

（三）SO₂ 对干旱胁迫下植物体内脯氨酸和可溶性糖含量的影响

10mg/m³ SO₂ 熏气后，小麦幼苗体内脯氨酸含量显著增加，可溶性糖含量没有明显改变。干旱胁迫后，小麦幼苗体内脯氨酸和可溶性糖含量都显著提高。与干旱处理组相比，10mg/m³ SO₂＋干旱组小麦幼苗体内脯氨酸含量稍有增加，而可溶性糖含量显著降低。在 SO₂＋HT＋干旱处理组中，小麦幼苗体内脯氨酸含量显著增加，可溶性糖含量降低（图 6－7）。

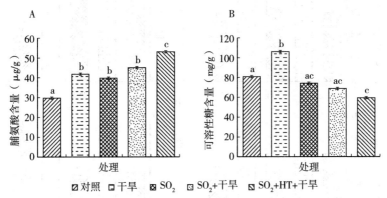

图 6－7　SO₂ 对干旱胁迫下小麦幼苗脯氨酸和可溶性糖含量的影响

（四）SO₂ 对干旱胁迫下植物体抗氧化系统的影响

干旱处理后，小麦幼苗体内抗氧化酶 SOD 活性显著增加，而 CAT 和 POD 活性变化不明显。与干旱处理组相比，10mg/m³ SO₂＋干旱组小麦幼苗体内 SOD 活性增加 4％，POD 活性增加 27％，说明 SO₂ 能提高抗氧化酶活性，降低干旱诱发的氧化损伤，进而增强小麦幼苗对干旱的适应性。在 SO₂＋HT＋干旱处理组中，小麦幼苗体内 SOD 活性降低到对照水平，而 CAT 和 POD 活性与对照和干旱处理组相比都显著降低。

在植物体内，H_2O_2 和 MDA 是氧化胁迫的两个重要指标。干旱处理后，小麦幼苗体内的 H_2O_2 和 MDA 水平显著提高。与只进行干旱处理组相比，$10mg/m^3$ SO_2＋干旱组小麦幼苗体内 H_2O_2 含量降低 17%，MDA 含量降低 25%，表明 SO_2 暴露可以缓解干旱胁迫引起的氧化损伤。在 SO_2＋HT＋干旱处理组中，小麦幼苗体内 H_2O_2 和 MDA 含量增加到干旱处理组水平。说明 H_2S 在 SO_2 缓解干旱胁迫过程中起着重要作用（图 6-8）。

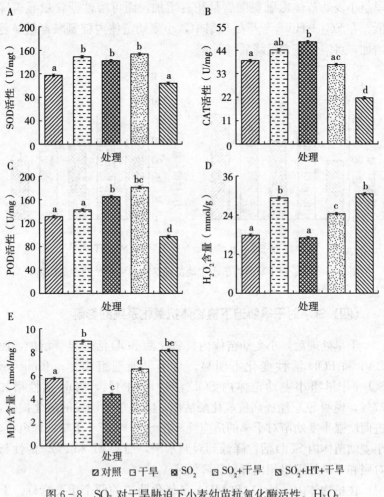

图 6-8　SO_2 对干旱胁迫下小麦幼苗抗氧化酶活性、H_2O_2
和 MDA 含量的影响

（五）SO₂ 对干旱胁迫下植物体转录因子基因表达水平的影响

干旱处理后，小麦幼苗体内转录因子基因 *TaERF1*、*TaNAC69* 和 *TaMYB30* 表达水平显著提高。与只进行干旱处理组相比，10mg/m³ SO₂＋干旱组小麦幼苗体内 *TaNAC69* 基因表达水平降低，*TaERF1* 和 *TaMYB30* 基因表达水平没有明显变化，维持在较高水平；在 SO₂＋HT＋干旱处理组中，小麦幼苗体内 *TaERF1*、*TaNAC69* 和 *TaMYB30* 基因表达水平显著降低（图6-9）。

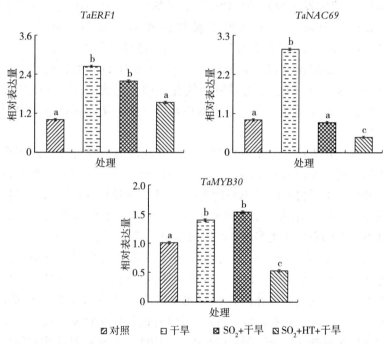

图6-9　SO₂ 对干旱胁迫下小麦幼苗干旱相关转录因子
基因表达水平的影响

（六）SO₂ 提高植物耐旱性的机理及 H₂S 调控作用

干旱胁迫引起缺水，从而限制植物的生长发育，导致作物产量降低，品质下降。研究表明，阻止叶片水分流失是植物适应干旱胁迫的重要机制之一（Ma et al.，2016；Zhang et al.，2018）。本研究发现，干旱胁迫显著降低了小麦幼苗的相对含水量和成活率。$10mg/m^3$ SO_2 预处理可有效提高干旱胁迫植株的相对含水量和成活率的降低，而 $20mg/m^3$ SO_2 预处理进一步降低了干旱胁迫下小麦幼苗的相对含水量和成活率，表明合适浓度 SO_2 预处理可以提高小麦的耐旱性。这与之前报道的 SO_2 对 Al^{3+} 和 Cd^{2+} 毒性的缓解作用具有浓度依赖性的结果一致（Hu et al.，2014b；Zhu et al.，2015）。研究发现 SO_2 预处理诱导猫尾草叶片气孔关闭减少水分丧失，从而提高了干旱胁迫下植株的相对含水量。另外，Hu 等（2014a）研究发现 SO_2 通过 H_2S 信号途径诱导甘薯叶片气孔关闭。Garcia-Mata 和 Lamattina（2010）也发现 H_2S 通过调控叶片保卫细胞 ABC 转运体诱导蚕豆气孔关闭。因此，SO_2 可能通过 H_2S 信号途径诱导气孔关闭来减少水分丧失，从而提高小麦的耐旱性。

H_2S 作为信号分子在植物生长发育和胁迫响应过程中发挥重要的作用（Ausma et al.，2019；Valivand et al.，2019）。在其他研究中，干旱胁迫诱导小麦幼苗体内 H_2S 含量增加，这与本书拟南芥中的研究结果一致（Jin et al.，2018）。干旱处理后，内源 H_2S 合成的重要酶类半胱氨酸脱巯基酶（CDs）活性提高，拟南芥体内 H_2S 含量增加。SO_2 暴露后，小麦幼苗体内的 H_2S 含量增加更明显。有研究表明，SO_2 进入植物体内生成 SO_3^{2-}，可进一步生成 H_2S，从而使植物体内源 H_2S 水平提高（Li et al.，2012；Zhu et al.，2015）。亚牛磺酸（HT）可以直接与硫化物发生反应，生成硫代牛磺酸（Garcia-Mata et al.，2010）。在 SO_2 预处理后的小麦幼苗叶片喷施 HT，这时干旱处理的幼苗体内 H_2S 含量降低，进一步证实了 HT 可有效清除植物体的内源 H_2S。

研究表明，植物体可以通过积累脯氨酸和可溶性糖，调节细胞渗透压，提高细胞保水能力，并维持体内的渗透平衡，使植株得以在干旱条件下生存（Chen et al.，2016；Han et al.，2019）。在本章中，干旱胁迫诱导小麦幼苗体内积累的脯氨酸和可溶性糖显著增多。SO_2 预处理进一步提高了干旱胁迫下小麦体内的脯氨酸含量，说明 SO_2 能促进合成和积累更多的脯氨酸作为渗透调节物质，从而提高干旱条件下细胞的渗透调节能力，减少干旱期间植株的水分散失，提高逆境适应性。但是，SO_2＋干旱组小麦幼苗可溶性糖的含量降低到对照水平，这可能是因为环境胁迫条件下，降低糖含量可以将更多的碳用于植物的生长。在 SO_2 预处理的幼苗叶片喷施 HT，干旱胁迫时脯氨酸含量增加，可溶性糖含量降低，表明 H_2S 对植物细胞中的这些渗透物质有一定的调控作用。

　　环境胁迫常常会干扰植物细胞正常的代谢活动，引起氧化爆发，导致胞内积累活性氧和膜脂过氧化产物（MDA）（Li et al.，2012）。植物体内已经形成了一套精细而又复杂的抗氧化系统来清除活性氧，从而缓解生物和非生物胁迫造成的氧化损伤，提高植物的适应能力（Hu et al.，2014b；Wang et al.，2017）。干旱胁迫诱导小麦幼苗中 SOD 活性显著提高，而 CAT 和 POD 活性没有明显改变，同时 H_2O_2 和 MDA 含量显著增加，说明干旱胁迫引发小麦幼苗膜脂过氧化，造成氧化损伤。SO_2 预处理提高干旱胁迫下小麦幼苗中 SOD 和 POD 活性，降低植物体内 H_2O_2 和膜脂过氧化产物 MDA 的积累，说明 SO_2 暴露激活植物体内的抗氧化系统，有效清除干旱胁迫诱导产生的活性氧，缓解干旱胁迫造成的氧化损伤，在介导适应干旱过程中发挥了重要作用。在 SO_2 预处理的小麦幼苗叶片喷施 HT 清除 H_2S 后，干旱胁迫时 SOD、CAT 和 POD 活性显著降低，H_2O_2 和 MDA 含量增加。已有研究表明，外源施加 H_2S 可在基因和蛋白水平上激活抗氧化系统，缓解盐、干旱、极端温度和重金属等环境胁迫对植物的损害（Li et al.，2017；Corpas et al.，2020）。Zhu 等（2015）研究发现，SO_2 暴露诱导小麦体内积累 H_2S，植株抗氧化能力提高，有效缓解 Al 造成的毒害效应。我们的研究结果进一步证明，SO_2 可诱导植物细胞内产生 H_2S，并作为信号分子激活植物体内的抗氧化系统来阻止氧化损伤，以抵御干旱胁迫。

在植物中，许多转录因子，如 MYB、ERF 和 NAC，可以作为分子开关在植物响应干旱胁迫过程中发挥重要的调控作用（Xu et al.，2007；Joshi et al.，2016；Baillo et al.，2019）。本研究中，干旱胁迫诱导小麦幼苗 *TaERF1*、*TaNAC69* 和 *TaMYB30* 基因转录水平显著提高。SO_2 预处理降低干旱胁迫下 *TaNAC69* 基因表达水平。已有研究表明，*TaNAC69* 通过 ABA 信号途径提高植物的耐旱性（Xue et al.，2011）。Ma 等（2016）研究发现，外源 H_2S 预处理可降低干旱胁迫下小麦体内 ABA 含量。因此，SO_2 诱导小麦内源 H_2S 的积累可能引起 ABA 水平降低，从而导致 *TaNAC69* 基因表达水平下降。SO_2 预处理后，小麦 *TaERF1* 和 *TaMYB30* 基因转录水平在干旱胁迫时维持较高水平，说明 SO_2 能提高小麦幼苗干旱响应基因的表达量，从而通过调控胁迫响应基因的表达来增强植株的耐旱性。此外，已有研究发现，逆境胁迫时，*TaMYB30* 转基因植株中积累大量的脯氨酸（Zhang et al.，2012）。因此，SO_2 胁迫诱导小麦 *TaMYB30* 转录水平提高可以促进植物体内脯氨酸积累，从而有效缓解干旱胁迫对植株造成的损伤，提高其抗旱性。在 SO_2 预处理的小麦幼苗叶片喷施 HT 清除 H_2S，干旱胁迫时 *TaERF1*、*TaNAC69* 和 *TaMYB30* 基因表达水平降低，说明 SO_2 诱导产生的 H_2S 参与调控干旱胁迫下转录因子基因的表达。

总之，我们的研究发现 SO_2 预处理诱导小麦幼苗体内积累脯氨酸，提高抗氧化酶活性，改变转录因子基因表达水平，从而增加植株的抗旱能力。此外，SO_2 预处理引起植株体内 H_2S 含量增加，作为信号分子调控植株对干旱的胁迫响应。本研究结果表明 SO_2 通过 H_2S 信号途径在生理和分子水平调控植株对干旱胁迫的响应，将为提高植株的抗旱性提供新的策略。植物生存期间会面临多种环境刺激，适应复杂多变的环境条件是植物生存的必要过程，而交叉适应性的出现是植物适应环境的一条有效途径。但交叉适应性可能产生涉及植物细胞内包括信号识别、基因转录调控、代谢改变等众多环节，详细机制有待进一步的研究。

三、SO₂暴露增强植物抗旱性及 Ca²⁺ 调控作用

（一）SO₂、干旱及其互作对植物 Ca²⁺ 受体蛋白基因表达的影响

在植物体内，Ca²⁺ 受体蛋白主要包括钙调蛋白（CaM）、钙依赖蛋白激酶（CDPKs/CPKs）、Ca²⁺/CaM 依赖蛋白激酶（CCaMK）、钙调磷酸酶 B 类似蛋白（CBL）。CBL 可以与 CBL 互作激酶（CIPK）发生特异性结合后调控下游靶蛋白，也可以直接调控靶基因。干旱胁迫时，小麦幼苗 *CCaMK*、*CPK10*、*CIPK2* 和 *CIPK15* 基因表达水平提高。外源喷施 10mmol/L CaCl₂ 对干旱胁迫下小麦幼苗的这些基因表达没有明显影响，而外源喷施 5mmol/L EGTA（钙螯合剂）后再进行干旱处理，这些基因表达水平显著降低。10mg/m³ SO₂ 熏气后，小麦幼苗 *CIPK2* 和 *CIPK15* 基因表达水平增加，但 *CCaMK* 和 *CPK10* 基因表达水平没有明显变化。外源喷施 CaCl₂ 显著提高 SO₂ 胁迫下小麦幼苗 *CCaMK*、*CIPK2* 和 *CIPK15* 基因转录水平，但喷施 EGTA 显著抑制 SO₂ 胁迫下这些基因的转录。10mg/m³ SO₂ 预处理显著提高干旱组小麦幼苗体内 *CCaMK* 和 *CPK10* 基因表达水平，而在 SO₂＋EGTA＋干旱处理组中，小麦幼苗体内这些基因表达水平与只进行干旱处理组和 SO₂＋干旱处理组相比均显著下调。这些结果表明，小麦 *CCaMK*、*CPK10*、*CIPK2* 和 *CIPK15* 基因的表达可能依赖于钙信号，并且参与了对 SO₂、干旱胁迫及其互作过程的响应（图 6 - 10）。

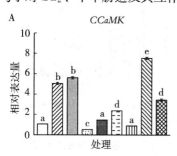

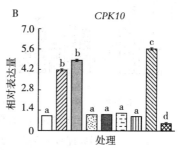

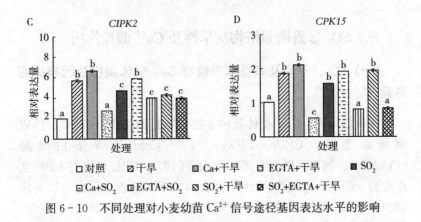

图 6-10 不同处理对小麦幼苗 Ca^{2+} 信号途径基因表达水平的影响

（二）SO_2、干旱及其互作对胁迫响应转录因子基因表达的影响

干旱和 $10mg/m^3$ SO_2 胁迫时，小麦幼苗两个重要的胁迫响应转录因子的 *ERF1* 和 *MYB30* 基因表达水平显著提高。外源喷施 $CaCl_2$ 进一步提高了干旱和 SO_2 胁迫下 *ERF1* 和 *MYB30* 基因表达水平，而喷施 EGTA 后进行干旱和 SO_2 胁迫处理，*ERF1* 和 *MYB30* 基因表达水平显著抑制。$10mg/m^3$ SO_2 预处理对干旱胁迫下小麦幼苗 *ERF1* 和 *MYB30* 基因表达水平没有明显影响。在 SO_2+EGTA+干旱处理组中，小麦幼苗体内 *ERF1* 和 *MYB30* 基因表达水平与干旱处理组和 SO_2+干旱处理组相比均显著降低（图 6-11）。

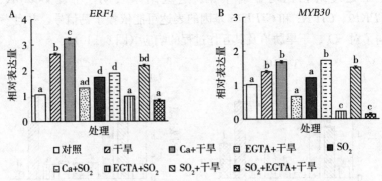

图 6-11 不同处理对小麦幼苗 *ERF1* 和 *MYB30* 基因表达水平的影响

（三）SO₂、干旱及其互作对植物体 H₂O₂ 和 MDA 含量的影响

干旱处理时，小麦幼苗 H_2O_2 和 MDA 含量显著增加。$10mg/m^3$ SO₂ 熏气后，小麦幼苗 H_2O_2 和 MDA 含量没有明显变化。外施 CaCl₂ 显著降低干旱胁迫下小麦幼苗 H_2O_2 和 MDA 含量，但外源喷施 EGTA 显著提高干旱和 SO₂ 处理下小麦幼苗 H_2O_2 和 MDA 含量，说明外源 Ca^{2+} 可以降低干旱胁迫引发的氧化损伤。SO₂ 预处理降低干旱胁迫下小麦幼苗 H_2O_2 和 MDA 含量。在 SO₂＋EGTA＋干旱处理组中，小麦幼苗体内 H_2O_2 和 MDA 含量增加到干旱处理组水平。表明外源 Ca^{2+} 可以降低活性氧积累，减轻细胞膜损伤，从而提高小麦幼苗对 SO₂、干旱胁迫及其互作的耐受性（图 6 - 12）。

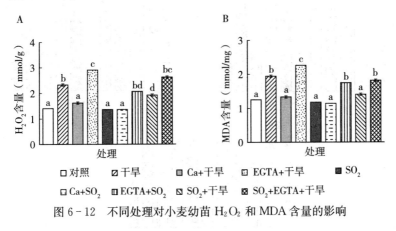

图 6 - 12 不同处理对小麦幼苗 H₂O₂ 和 MDA 含量的影响

（四）SO₂、干旱及其互作对植物体 SOD、CAT 和 POD 活性的影响

SOD、CAT 和 POD 是植物体内重要的抗氧化酶，在清除活性氧和缓解氧化胁迫过程中起着重要作用。干旱胁迫时，小麦幼苗 SOD 活性显著提高，但 CAT 和 POD 活性没有明显变化。外施 CaCl₂ 显著提高干旱胁迫下小麦幼苗 SOD、CAT 和 POD 的活性，

但喷施 EGTA 可降低干旱胁迫下 SOD、CAT 和 POD 的活性，说明外源 Ca^{2+} 可以提高干旱胁迫下抗氧化酶的活性，从而抵抗干旱对植物造成的伤害。10mg/m³ SO_2 熏气诱导小麦幼苗 SOD、CAT 和 POD 的活性显著增加，外施 $CaCl_2$ 后 SOD 活性进一步提高，但外源 EGTA 处理后，SOD、CAT 和 POD 的活性降低。10mg/m³ SO_2 预处理增强干旱胁迫下小麦幼苗 SOD 和 POD 活性，但 CAT 活性仍维持在对照水平。在 SO_2＋EGTA＋干旱处理组中，小麦幼苗 SOD、CAT 和 POD 活性与干旱处理组和 SO_2＋干旱处理组相比均显著降低。表明外源 Ca^{2+} 可以提高小麦幼苗抗氧化酶活性，缓解 SO_2、干旱胁迫及其互作造成的氧化损伤（图 6 - 13）。

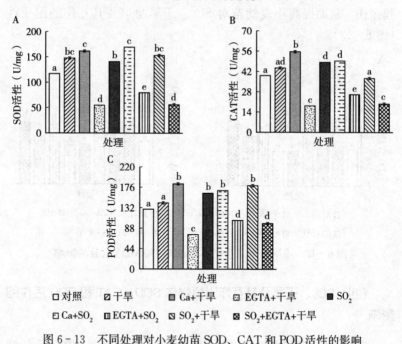

图 6 - 13　不同处理对小麦幼苗 SOD、CAT 和 POD 活性的影响

（五）SO_2 提高植物耐旱性的机理及 Ca^{2+} 调控作用

植物由于固着性而无法逃离其生存环境，为了适应一系列的不

利环境，植物在长期进化过程中逐渐形成了各种调控机制来应对不断变化的生存环境，钙离子信号传导系统就是其中之一。钙离子在植物整个生命周期的生长发育过程中都发挥了重要作用，参与了包括气孔开闭、光周期调节、种子萌发和响应非生物胁迫等生理过程 (Zhu, 2016; Zhang et al., 2018)。Ca^{2+} 是植物细胞信号转导中重要的第二信使，是植物细胞逆境生理响应的中心调节者 (Mulaudzi et al., 2020)。通常情况下，细胞内 Ca^{2+} 浓度的变化由 Ca^{2+} 感受蛋白感知，再通过调控下游靶蛋白来调节各种细胞反应。本研究中，SO₂ 和干旱胁迫诱导 Ca^{2+} 感受蛋白基因 *CCaMK*、*CPK10*、*CIPK2* 和 *CIPK15* 表达水平显著提高。外源 Ca^{2+} 可以进一步提高 *CCaMK*、*CPK10*、*CIPK2* 和 *CIPK15* 基因表达水平，但是利用钙螯合剂 EGTA 降低 Ca^{2+} 水平后，这些基因表达水平显著降低。已有研究表明，过表达 *CPK* 和 *CIPK* 基因提高了转基因拟南芥幼苗对干旱和盐胁迫的耐受性。因此，这些 Ca^{2+} 感受蛋白通过感知不同处理条件下小麦幼苗体内的 Ca^{2+} 水平，进一步引发下游细胞内的一系列反应，从而增强植株对不利环境的适应性。

　　研究表明，Ca^{2+} 或 Ca^{2+} 感受蛋白可以与转录因子相结合，从而激活或抑制其靶基因的表达 (Yoo et al., 2005; Zandalinas et al., 2020)。在植物体内，转录因子是一类能够与启动子区域顺式作用元件特异性结合的蛋白质，可以调节众多下游基因的表达，对植物的生长发育、形态建成、激素调节，以及抵御多种生物和非生物胁迫具有重要作用 (Joshi et al., 2016; Baillo et al., 2019)。本研究中，SO₂ 和干旱胁迫诱导两个重要的转录因子的 *ERF1* 和 *MYB30* 基因上调表达。已有研究表明，干旱胁迫可以诱导 *ERF1* 和 *MYB30* 基因表达。过表达 *ERF1* 和 *MYB30* 的转基因植株激活胁迫响应基因表达，从而提高植物对非生物胁迫的抗性 (Xu et al., 2007; Zhang et al., 2012)。因此，SO₂ 和干旱胁迫诱导小麦幼苗 *ERF1* 和 *MYB30* 基因表达改变可以增强植株对不利环境的耐受性，此外，外施 Ca^{2+} 进一步提高小麦幼苗在不同处理条件下 *ERF1* 和 *MYB30* 基因转录水平，而利用 EGTA 清除 Ca^{2+} 可抑制这两个基因表达。这可能是由于外源 Ca^{2+} 激活其调控的蛋白激酶（CDPK 和/或 CCaMK）或磷酸化酶，使转录因子发生磷酸化或去磷酸化，从而调控其基因表达（Popescu et al.，2007；Reddy et al.，2011）。这些研究结果表明 Ca^{2+} 通过调控小麦幼苗转录因子基因表达来提高植株对 SO_2 和干旱胁迫的耐受性。

　　非生物胁迫下植物体内会发生一系列生理生化反应使植物具有一定耐受性，包括提高抗氧化酶活性、渗透调节物质含量等。SO_2 和干旱胁迫下植物细胞中活性氧大量积累，使细胞膜上的膜脂发生过氧化作用，膜结构遭到破坏。膜脂过氧化的最终分解产物为 MDA，MDA 含量在一定程度上可以反映出细胞膜受损伤的程度和植物抗氧化的潜在能力（Choudhury et al.，2017；Cheng et al.，2018）。SOD、POD、CAT 三种抗氧化酶在植物清除体内多余活性氧、保护自身免受氧化损伤方面具有不可或缺的作用，是植物抗氧化系统的重要组成部分。多个研究表明，Ca^{2+} 信号可以通过调控胞内 ROS 产生和抗氧化酶活性来响应环境胁迫（Martins et al.，2021）。本研究中，干旱胁迫诱导小麦幼苗 SOD 活性显著升高，但 CAT 和 POD 活性没有明显变化，同时胞内积累大量 H_2O_2 和 MDA，说明干旱胁迫造成小麦幼苗叶片膜脂过氧化损伤。SO_2 熏气时，小麦幼苗叶片 SOD、CAT 和 POD 活性都显著提高，H_2O_2 和 MDA 含量维持在对照水平，说明 SO_2 暴露诱导抗氧化系统的防御效应强于干旱胁迫。外源 Ca^{2+} 显著提高干旱胁迫下小麦幼苗叶片 SOD、CAT 和 POD 的活性，降低 H_2O_2 的产生，缓解干旱胁迫对小麦幼苗叶片的氧化损伤，使 MDA 含量降低。这些结果表明，Ca^{2+} 信号通过激活小麦幼苗叶片抗氧化系统，从而缓解氧化损伤，提高植株对干旱的耐受性。

　　植物在其生长发育过程中往往会遭遇干旱、水涝、高温、冷害、高盐等非生物胁迫和虫害、真菌、病毒等的生物胁迫，使植物正常生长受到限制，甚至进一步导致其死亡（Anwar et al.，2021；Zandalinas et al.，2021b）。研究表明，SO_2 暴露可诱导拟南芥和谷子抗氧化能力提高，渗透调节物质积累，对干旱的适应性增强。外施 SO_2 供体溶液可提高重金属铝、镉胁迫下小麦种子的萌发率。此外，SO_2 暴露有助于提高拟南芥植株对灰霉菌的抗性（Wang et al.，2017；Han et al.，2020）。本研究中，SO_2 预处理提高干旱胁迫下小麦幼苗 *CCaMK* 和 *CPK10* 基因表达水平，同时 SOD 和 POD 活性增强，有效降低胞内 H_2O_2 和 MDA 含量，表明 SO_2 暴露可以提高植株的抗旱性。但是，我们在 SO_2 预处理后外施 EGTA 清除 Ca^{2+}，再进行干旱处理时，小麦幼苗 Ca^{2+} 感受蛋白和转录因子基因表达水平降低，抗氧化酶活性减小，同时胞内积累大量 H_2O_2 和 MDA，说明 Ca^{2+} 信号在 SO_2 提高植株干旱耐受性过程中发挥了重要作用。之前的研究表明 SO_2 可以通过增强抗氧化防御来提高谷子的抗旱性（Han et al.，2019）。本文的研究结果进一步证明 SO_2 通过 Ca^{2+} 激活抗氧化系统从而缓解干旱造成的氧化损伤。

　　总之，本研究发现外施 Ca^{2+} 激活小麦幼苗体内 Ca^{2+} 感受蛋白，提高转录因子基因表达，增强抗氧化酶活性，从而提高植株对 SO_2 和干旱的耐受性。因此，我们可以通过外施 Ca^{2+} 缓解环境胁迫对植物的影响，从而提高农作物的产量和品质。此外，SO_2 预处理可以通过 Ca^{2+} 信号诱导植物对干旱胁迫的生理和分子响应，从而提高植物对干旱的适应性。

参 考 文 献

丁艳菲，傅亚萍，朱诚，2010. miR398 在植物逆境胁迫应答中的作用 [J].
遗传，32 (2)：129-134.

郭鸿鸣，肖天宇，谢彦杰，2016. 气体信号分子硫化氢在植物中的生理功能
及作用机制 [J]. 中国生物化学与分子生物学报，32 (5)：488-495.

郭韬，李广林，魏强，等，2011. 植物 MicroRNA 功能的研究进展 [J]. 西北
植物学报，31 (11)：2347-2354.

郭希凯，2012. 二氧化硫调节铝和干旱胁迫下小麦种子萌发的信号机理研究
[D]. 合肥：合肥工业大学.

郝林，张惠文，徐昕，等，2005. 二氧化硫对小麦的氧化胁迫及其某些信号分
子的调节 [J]. 应用生态学报，16 (6)：1038-1042.

何艳霞，王子成，2009. 拟南芥幼苗超低温保存后 DNA 甲基化的遗传变异
[J]. 植物学报，44 (3)：317-322.

李春光，陈其军，高新起，等，2005. 拟南芥热激转录因子 AtHsfA2 调节胁
迫反应基因的表达并提高热和氧化胁迫耐性 [J]. 中国科学 C 辑：生命科
学，35 (5)：398-407.

李东波，肖朝霞，刘灵霞，等，2010. 外源硫化氢对豌豆根尖及其边缘细胞的
影响 [J]. 植物学报，45 (3)：354-362.

李利红，仪慧兰，王磊，等，2008. 二氧化硫暴露对拟南芥叶片形态和生理生
化指标的影响 [J]. 农业环境科学学报，27 (2)：525-529.

李利红，仪慧兰，武冬梅，2010. 二氧化硫胁迫诱发拟南芥植株含硫抗氧化
物水平提高 [J]. 应用与环境生物学报，16 (5)：613-616.

李培旺，卢向阳，李昌珠，等，2007. 植物 microRNAs 研究进展 [J]. 遗传，
29 (3)：283-288.

罗茂，张志明，高健，等，2011. miR319 在植物器官发育中的调控作用 [J].

遗传, 33 (11): 1203-1211.

裴雁曦, 2016. 植物中的气体信号分子硫化氢: 无香而立, 其臭如兰 [J]. 中国生物化学与分子生物学报, 32 (7): 721-733.

彭海, 张静, 2009. 胁迫与植物 DNA 甲基化: 育种中的潜在应用与挑战 [J]. 自然科学进展, 19 (3): 248-256.

尚玉婷, 张妮娜, 上官周平, 等, 2018. 硫化氢在植物中的生理功能及作用机制 [J]. 植物学报, 53 (4): 565-574.

苏玉, 王溪, 朱卫国, 2009. DNA 甲基转移酶的表达调控及主要生物学功能 [J]. 遗传, 31 (11): 1087-1093.

汤海明, 陈红, 张静, 等, 2012. 新一代测序技术应用于 microRNA 检测 [J]. 遗传, 34 (6): 784-792.

王海波, 王莎莎, 龚明, 2013. 植物 miRNA 的分子特征及其在逆境中的响应机制 [J]. 基因组学与应用生物学, 32 (1): 121-126.

翁锦周, 洪月云, 2006. 植物热激转录因子在非生物逆境中的作用 [J]. 分子植物育种, 4 (1): 88-94.

夏德习, 管清杰, 金淑梅, 等, 2007. 拟南芥硫氧还蛋白 M1 型基因 (*AtTRXml*) 与环境逆境之间的关系 [J]. 分子植物育种, 5 (1): 21-26.

夏晗, 刘美芹, 尹伟伦, 等, 2008. 植物 DNA 甲基化调控因子研究进展 [J]. 遗传, 30 (4): 426-432.

杨金兰, 柳李旺, 龚义勤, 等, 2007. 镉胁迫下萝卜基因组 DNA 甲基化敏感扩增多态性分析 [J]. 植物生理与分子生物学学报, 33 (3): 219-226.

仪慧兰, 姜林, 2007. SO_2 水合物诱发蚕豆根尖细胞染色体畸变效应 [J]. 生态学报, 27 (6): 2318-2324.

仪慧兰, 李利红, 仪民, 2009. 二氧化硫胁迫迫导致拟南芥防护基因表达改变 [J]. 生态学报, 29 (4): 1682-1687.

仪治本, 孙毅, 牛天堂, 等, 2005. 玉米杂交种及其亲本基因组 DNA 胞嘧啶甲基化水平研究 [J]. 西北植物学报, 25: 2420-2425.

赵宇, 蒋明义, 张阿英, 等, 2008. 水分胁迫诱导玉米 *Zmrboh* 基因表达及 ABA 在其中的作用 [J]. 南京农业大学学报, 31 (3): 28-30.

朱会娟, 王瑞刚, 陈少良, 等, 2007. NaCl 胁迫下胡杨和群众杨抗氧化能力

及耐盐性 [J]. 生态学报, 27 (10): 4113-4121.

Achard P, Herr A, Baulcombe D C, et al., 2004. Modulation of floral development by a gibberellin-regulated microRNA [J]. Development, 131: 3357-3365.

Ahmad P, Abd - Allah E F, Alyemeni M N, et al., 2018. Exogenous application of calcium to 24 - epibrassinosteroid pre-treated tomato seedlings mitigates NaCl toxicity by modifying ascorbate-glutathione cycle and secondary metabolites [J]. Sci Rep, 8: 13515.

Anwar K, Joshi R, Dhankher O P, et al., 2021. Elucidating the response of crop plants towards individual, combined and sequentially occurring abiotic stresses [J]. Int J Mol Sci, 22: 6119.

Appalasamy M, Varghese B, Ismail R, et al., 2017. Responses of *Trichilia dregeana* leaves to sulphur dioxide pollution: a comparison of morphological, physiological and biochemical biomarkers [J]. Atmos Pollut Res, 8: 729-740.

Arif M S, Yasmeen T, Abbas Z, et al., 2021a. Role of Exogenous and endogenous hydrogen sulfide (H_2S) on functional traits of plants under heavy metal stresses: a recent perspective [J]. Front Plant Sci, 11: 545453.

Arif Y, Hayat S, Yusuf M, et al., 2021b. Hydrogen sulfide: A versatile gaseous molecule in plants [J]. Plant Physiol Biochem, 158: 372-384.

Aroca A, Gotor C, Bassham D C, et al., 2020. Hydrogen Sulfide: From a toxic molecule to a key molecule of cell life [J]. Antioxidants (Basel), 9: 621.

Ausma T, De Kok L J, 2019. Atmospheric H_2S: impact on plant functioning [J]. Front Plant Sci, 10: 743.

Axtell M J, Snyder J A, Bartel D P, 2007. Common functions for diverse small RNAs of land plants [J]. Plant cell, 19: 1750-1769.

Baillo E H, Kimotho R N, Zhang Z, et al., 2019. Transcription factors associated with abiotic and biotic stress tolerance and their potential for crops improvement [J]. Genes, 10: 771.

Barakat A, Wall K, Leebens-Mack J, et al. , 2007. Large-scale identification of microRNAs from a basal eudicot (*Eschscholzia californica*) and conservation in flowering plants [J]. Plant J, 51: 991 - 1003.

Barciszewska-Pacak M, Milanowska K, Knop K, et al. , 2015. *Arabidopsis* microRNA expression regulation in a wide range of abiotic stress responses [J]. Front Plant Sci, 6: 410.

Bender J, 2004. DNA methylation and epigenetics [J]. Annu Rev Plant Biol, 55: 41 - 68.

Berdasco M, Alcazar R, Garcia-Ortiz M V, et al. , 2008. Promoter DNA hypermethylation and gene repression in undifferentiated *Arabidopsis* cells [J]. PLoS One, 3 (10): e3306.

Birke H, De Kok L J, Wirtz M, et al. , 2015. The role of compartment-specific cysteine synthesis for sulfur homeostasis during H_2S exposure in *Arabidopsis* [J]. Plant Cell Physiol, 56: 358 - 367.

Boudsocq M, Sheen J, 2013. CDPKs in immune and stress signaling [J]. Trends Plant Science, 18 (1): 30 - 40.

Brodersen P, Sakvarelidze-Aehard L, Bruun-Rasmussen M, et al. , 2008. Widespread translational inhibition by plant miRNAs and siRNAs [J]. Science, 320: 1185 - 1190.

Brychkova G, Xia Z, Yang G, et al. , 2007. Sulfite oxidase protects plants against sulfur dioxide toxicity [J]. Plant J, 50: 696 - 709.

Chan S W, Henderson I R, Jacobsen S E, 2005. Gardening the genome: DNA methylation in *Arabidopsis thaliana* [J]. Nat Rev Genet, 6: 351 - 360.

Chen C, Ridzon D A, Broomer A J, et al. , 2005. Real-time quantification of microRNAs by stem-loop RT-PCR [J]. Nucleic Acids Res, 33 (20): e179.

Chen J, Shang Y T, Wang W H, et al. , 2016. Hydrogen sulfide-mediated polyamines and sugar changes are involved in hydrogen sulfide-induced drought tolerance in Spinacia oleracea seedlings [J]. Front Plant Sci, 7: 1173.

Chen T, Tian M, Han Y, 2020. Hydrogen sulfide: a multi-tasking signal molecule in the regulation of oxidative stress responses [J]. J Exp Bot, 71: 2862 - 2869.

Cheng L, Han M, Yang L M, et al. , 2018. Changes in the physiological characteristics and baicalin biosynthesis metabolism of Scutellaria baicalensis Georgi under drought stress [J]. Ind Crop Prod, 122: 473 - 482.

Choi C S, Sano H, 2007. Abiotic-stress induces demethylation and transcriptional activation of a gene encoding a glycerophosphodiesterase-like protein in tobacco plants [J]. Mol Genet Genome, 277: 589 - 600.

Choudhury F K, Rivero R M, Blumwald E, et al. , 2017. Reactive oxygen species, abiotic stress and stress combination [J]. Plant J, 90: 856 - 867.

Corpas F J, Palma J M, 2020. H_2S signaling in plants and applications in agriculture [J]. J Adv Res, 24: 131 - 137.

Davletova S, Rizhsky L, Liang H J, et al. , 2005. Cytosolic ascorbate peroxidase 1 is a central component of the reactive oxygen gene network of *Arabidopsis* [J]. Plant Cell, 17: 268 - 281.

Dobrá J, Vanková R, Havlová M, et al. , 2011. Tobacco leaves and roots differ in the expression of proline metabolism-related genes in the course of drought stress and subsequent recovery [J]. J Plant Physiol, 168: 1588 - 1597.

Drazkiewicz M, Skorzynska-Polit E, Krupa Z, 2007. The redox state and activity of superoxide dismutase classes in *Arabidopsis thaliana* under cadmium or copper stress [J]. Chemosphere, 67: 188 - 193.

Dudziak K, Sozoniuk M, Szczerba H, et al. , 2020. Identification of stable reference genes for qPCR studies in common wheat (*Triticum aestivum* L.) seedlings under short-term drought stress [J]. Plant Methods, 16: 58.

Fahlgren N, Howell M D, Kasschau K D, et al. , 2007. High-throughput sequencing of *Arabidopsis* microRNAs: evidence for frequent birth and death of miRNA genes [J]. PLoS One, 2 (2): e219.

Fang H, Liu Z, Jin Z, et al. , 2016. An emphasis of hydrogen sulfide-cysteine

cycle on enhancing the tolerance to chromium stress in *Arabidopsis* [J].
Environ Pollut, 213: 870 - 877.

Filek M, Keskinen R, Hartikainen H, et al. , 2008. The protective role of
selenium in rape seedlings subjected to cadmium stress [J]. J Plant Physiol,
165 (8): 833 - 844.

Fu H J, Zhu J, Yang M, et al. , 2006. A novel method to monitor the
expression of microRNAs [J]. Mol Biotechnol, 32 (3): 197 - 204.

Garcia-Mata C, Lamattina L, 2010. Hydrogen sulphide, a novel gasotransmitter
involved in guard cell signalling [J]. New Phytol, 188: 977 - 984.

Giraud E, Ivanova A, Gordon C S, et al. , 2012. Sulphur dioxide evokes a
large scale reprogramming of the grape berry transcriptome associated with
oxidative signalling and biotic defence responses [J]. Plant Cell Environ,
35: 405 - 417.

Grassi G, Magnani F, 2005. Stomatal, mesophyll conductance and biochemical
limitations to photosynthesis as affected by drought and leaf ontogeny in ash
and oak trees [J]. Plant Cell Environ, 28: 834 - 849.

Guddeti S, Zhang D C, Li A L, et al. , 2005. Molecular evolution of the rice
miR395gene family [J]. Cell Res, 15: 631 - 638.

Guo H S, Xie Q, Fei J F, et al. , 2005. MicroRNA directs mRNA cleavage of
the transcription factor NAC1to downregulate auxin signals for *Arabidopsis*
lateral root development [J]. Plant Cell, 17: 1376 - 1386.

Han Y, Yang H, Wu M, et al. , 2019. Enhanced drought tolerance of foxtail
millet seedlings by sulfur dioxide fumigation [J]. Ecotoxicol Environ Saf,
178: 9 - 16.

Han Y, Yin Y, Yi H, 2020. Decreased endogenous nitric oxide contributes to
sulfur dioxide derivative-alleviated cadmium toxicity in foxtail millet roots
[J]. Environ Exp Bot, 177: 104144.

Hanson J, Smeekens S, 2009. Sugar perception and signaling: an update [J].
Curr Opin Plant Biol, 12: 562 - 567.

Harb A, Krishnan A, Ambavaram M M R, et al. , 2010. Molecular and physiological analysis of drought stress in *Arabidopsis* reveals early responses leading to acclimation in plant growth [J]. Plant Physiol, 154: 1254 -1271.

Henderson I R, Chan S R, Cao X, et al. , 2010. Accurate sodium bisulfite sequencing in plants [J]. Epigenetics, 5: 29 - 31.

Hsieh L C, Lin S I, Shih A C, et al. , 2009. Uncovering small RNA-mediated responses to phosphate deficiency in *Arabidopsis* by deep sequencing [J]. Plant Physiol, 151: 2120 - 2132.

Hu K D, Bai G S, Li W J, et al. , 2014b. Sulfur dioxide promotes germination and plays an antioxidant role in cadmium-stressed wheat seeds [J]. Plant Growth Regul, 75: 271 - 280.

Hu K D, Tang J, Zhao D L, et al. , 2014a. Stmatal closure in sweet potato leaves induced by sulfur dioxide involves H_2S and NO signaling pathways [J]. Biol Plant, 58: 676 - 680.

Hu K D, Wang Q, Hu L Y, et al. , 2014. Hydrogen sulfide prolongs postharvest storage of fresh-cut pears (*Pyrus pyrifolia*) by alleviation of oxidative damage and inhibition of fungal growth [J]. PloS One, 9: e85524.

Hussain H A, Men S, Hussain S, et al. , 2019. Interactive effects of drought and heat stresses on morpho-physiological attributes, yield, nutrient uptake and oxidative status in maize hybrids [J]. Sci Rep, 9: 3890.

Iyer N J, Jia X, Sunkar R, et al. , 2012. MicroRNAs responsive to ozone-induced oxidative stress in *Arabidopsis thaliana* [J]. Plant Signal Behav, 7: 484 - 491.

Iyer N J, Tang Y, Mahalingam R, 2013. Physiological, biochemical and molecular responses to a combination of drought and ozone in *Medicago truncatula* [J]. Plant Cell Environ, 36: 706 - 720.

Jagadeeswaran G, Li Y F, Sunkar R, 2014. Redox signaling mediates the expression of a sulfate-deprivation-inducible microRNA395 in *Arabidopsis* [J]. Plant J, 77: 85 - 96.

Jagadeeswaran G, Saini A, Sunkar R, 2009. Biotic and abiotic stress downregulate miR398 expression in *Arabidopsis* [J]. Planta, 229: 1009 - 1014.

Jin Z, Sun L, Yang G, et al., 2018. Hydrogen sulfide regulates energy production to delay leaf senescence induced by drought stress in *Arabidopsis* [J]. Front Plant Sci, 9: 1722.

Jin Z, Wang Z, Ma Q, et al., 2017. Hydrogen sulfide mediates ion fluxes inducing stomatal closure in response to drought stress in *Arabidopsis thaliana* [J]. Plant Soil, 419: 141 - 152.

Jones-Rhoades M W, Bartel D P, 2004. Computational identification of plant microRNAs and their targets, including a stress-induced miRNA [J]. Mol Cell, 14 (6): 787 - 799.

Jones-Rhoades M W, Bartel D P, Bartel B, 2006. MicroRNAs and their regulatory roles in plants [J]. Annu Rev Plant Biol, 57: 19 - 53.

Joshi R, Wani S H, Singh B, et al., 2016. Transcription factors and plants response to drought stress: current understanding and future directions [J]. Front Plant Sci, 7: 1029.

Jover-Gil S, Candela H, Ponce M R, 2005. Plant microRNAs and development [J]. Inter J Dev Biol, 49: 733 - 744.

Jullien P E, Kinoshita T, Ohad N, et al., 2006. Maintenance of DNA methylation during the *Arabidopsis* life cycle is essential for parental imprinting [J]. Plant Cell, 18 (6): 1360 - 1372.

Kantar M, Lucas S J, Budak H, 2011. miRNA expression patterns of *Triticum dicoccoides* in response to shock drought stress [J]. Planta, 233 (3): 471 - 484.

Kapoor A, Agius F, Zhu J K, 2005. Preventing transcriptional gene silencing by active DNA demethylation [J]. FEBS Lett, 579: 5889 - 5898.

Kawashima C G, Yoshimoto N, Maruyama-Nakashita A, 2009. Sulphur starvation induces the expression of microRNA - 395 and one of its target genes but in different cell types [J]. Plant J, 57: 313 - 321.

Khan A, Anwar Y, Hasan M M, et al., 2017. Attenuation of drought stress in Brassica seedlings with exogenous application of Ca^{2+} and H_2O_2 [J].

Plants, 6: 20.

Khraiwesh B, Arif M A, Seumel G I, et al. , 2010. Transcriptional control of gene expression by microRNAs [J]. Cell, 140 (1): 111 - 122.

Lakhotia N, Joshi G, Bhardwaj A R, et al. , 2014. Identification and characterization of miRNAome in root, stem, leaf and tuber developmental stages of potato (*Solanum tuberosum* L.) by high-throughput sequencing [J]. BMC Plant Biol, 14 (1): 6.

Lelandais-briere C, Sorin C, Declerck M, et al. , 2010. Small RNA diversity in plants and its impact in development [J]. Curr Genomics, 11: 14 - 23.

Li G, Shah A A, Khan W U, et al. , 2021. Hydrogen sulfide mitigates cadmium induced toxicity in *Brassica rapa* by modulating physiochemical attributes, osmolyte metabolism and antioxidative machinery [J]. Chemosphere, 263: 127999.

Li L H, Yi H L, Liu X P, et al. , 2021. Sulfur dioxide enhance drought tolerance of wheat seedlings through H_2S signaling [J]. Ecotoxicol Environ Sa, 207: 111248.

Li L, Yi H, 2012. Differential expression of *Arabidopsis* defense-related genes in response to sulfur dioxide [J]. Chemosphere, 87: 718 - 724.

Liang G, Ai Q, Yu D, 2015. Uncovering miRNAs involved in crosstalk between nutrient deficiencies in *Arabidopsis* [J]. Sci Rep, 5: 11813.

Liang G, He H, Yu D, 2012. Identification of nitrogen starvation-responsive microRNAs in *Arabidopsis thaliana* [J]. PLoS One, 7 (11): e48951.

Lisjak M, Srivastava N, Teklic T, et al. , 2010. A novel hydrogen sulfide donor causes stomatal opening and reduces nitric oxide accumulation [J]. Plant Physiol Bioch, 48 (12): 931 - 935.

Liu H H, Tian X, Li Y J, et al. , 2008. Microarray-based analysis of stress-regulated microRNAs in *Arabidopsis thaliana* [J]. RNA, 14: 836 - 843.

Liu Y, Li Y, Li L, et al. , 2017. Attenuation of sulfur dioxide damage to wheat seedlings by co-exposure to nitric oxide [J]. B Environ Contam Tox, 99: 1 - 6.

Ma D, Ding H, Wang C, et al. , 2016. Alleviation of drought stress by hydrogen sulfide is partially related to the abscisic acid signaling pathway in wheat [J]. PLoS ONE, 11 (9): e0163082.

Mafakheri A, Siosemardeh A, Bahramnejad B, et al. , 2011. Effect of drought stress and subsequent recovery on protein carbohydrate contents, catalase and peroxidase activities in three chickpea (*Cicer arietinum*) cultivars [J]. Aust J Crop Sci, 5: 1255 – 1260.

Martins V, Soares C, Spormann S, et al. , 2021. Vineyard calcium sprays reduce the damage of postharvest grape berries by stimulating enzymatic antioxidant activity and pathogen defense genes, despite inhibiting phenolic synthesis [J]. Plant Physiol Bioch, 162: 48 – 55.

Melnikov A A, Gartenhaus R B, Levenson A S, et al. , 2005. MSRE-PCR for analysis of gene-specific DNA methylation [J]. Nucleic Acids Res, 33 (10): e93.

Moxon S, Jing R, Szittya G, et al. , 2008. Deep sequencing of tomato short RNAs identifies microRNAs targeting genes involved in fruit ripening [J]. Genome Res, 18 (10): 1602 – 1609.

Mulaudzi T, Hendricks K, Mabiya T, et al. , 2020. Calcium improves germination and growth of Sorghum bicolor seedlings under salt stress [J]. Plants, 9: 730.

Mustafa A K, Gadalla M M, Sen N, et al. , 2009. H_2S signals through protein S-sulfhydration [J]. Sci signal, 2: 72.

Nawaz F, Ahmad R, Ashraf M Y, et al. , 2015. Effect of selenium foliar spray on physiological and biochemical processes and chemical constituents of wheat under drought stress [J]. Ecotoxicol Environ Saf, 113: 191 – 200.

Nishizawa A, Yabuta Y, Yoshida E, et al. , 2006. *Arabidopsis* heat shock transcription factor A2as a key regulator in response to several types of environmental stress [J]. Plant J, 48: 535 – 547.

Niu Q W, Lin S S, Reyes J L, et al. , 2006. Expression of artificial microRNAs in transgenic *Arabidopsis thaliana* confers virus resistance [J].

Nat Biotechnol，24：1420 - 1428.

Osakabe Y，Osakabe K，Shinozaki K，et al. ，2014. Response of plants to water stress [J]. Front Plant Sci，5：86.

Oshanova D，Kurmanbayeva A，Bekturova A，et al. ，2021. Level of sulfite oxidase activity affects sulfur and carbon metabolism in *Arabidopsis* [J]. Front Plant Sci，12：690830.

Pant B D，Buhtz A，Kehr J，et al. ，2008. MicroRNA399 is a long-distance signal for the regulation of plant phosphate homeostasis [J]. Plant J，53 (5)：731 - 738.

Popescu S C，Popescu G V，Bachan S，et al. ，2007. Differential binding of calmodulin-related proteins to their targets revealed through high-density *Arabidopsis* protein microarrays [J]. Proc Natl Acad Sci，104：4730 - 4735.

Quint M，Gray W M，2006. Auxin signaling [J]. Curr Opin Plant Biol，9：448 - 453.

Rahman A，Nahar K，Hasanuzzaman M，et al. ，2016. Calcium supplementation improves Na^+/K^+ ratio，antioxidant defense and glyoxalase systems in salt-stressed rice seedlings [J]. Front Plant Sci，7：609.

Rajagopalan R，Vaucheret H，Trejo J，et al. ，2006. A diverse and evolutionarily fluid set of microRNAs in *Arabidopsis thaliana* [J]. Gene Dev，20：3407 - 3425.

Rakwal R，Agrawal G K，Kubo A，et al. ，2003. Defense/stress responses elicited in rice seedlings exposed to the gaseous air pollutant sulfur dioxide [J]. Environ Experi Bot，49：223 - 235.

Randewig D，Hamisch D，Herschbach C，et al. ，2012. Sulfite oxidase controls sulfur metabolism under SO_2 exposure in *Arabidopsis thaliana* [J]. Plant Cell Environ，35：100 - 115.

Reddy A S，Ali G S，Celesnik H，et al. ，2011. Coping with stresses：roles of calcium-and calcium/calmodulin-regulated gene expression [J]. Plant Cell，23：2010 - 2032.

Roy P R, Tahjib-Ul-Arif M, Polash M A S, et al. , 2019. Physiological mechanisms of exogenous calcium on alleviating salinity-induced stress in rice (*Oryza sativa* L.) [J]. Physiol Mol Biol Plants, 25: 611 – 624.

Schwab R, Palatnik J F, Riester M, et al. , 2005. Specific effects of microRNAs on the plant transcriptome [J]. Dev Cell, 8 (4): 517 – 527.

Scuffi D, Alvarez C, Laspina N, et al. , 2014. Hydrogen sulfide generated by L-cysteine desulfhydrase acts upstream of nitric oxide to modulate abscisic acid-dependent stomatal closure [J]. Plant Physiol, 166: 2065 – 2076.

Shan C, Zhang S, Li D, et al. , 2011. Effects of exogenous hydrogen sulfide on the ascorbate and glutathione metabolism in wheat seedlings leaves under water stress [J]. Acta Physiol Plant, 33: 2533 – 2540.

Sharma P, Dubey R S, 2005. Drought induces oxidative stress and enhances the activities of antioxidant enzymes in growing rice seedlings [J]. Plant Growth Regul, 46: 209 – 221.

Shi H T, Ye T T, Han N, et al. , 2015. Hydrogen sulfide regulates abiotic stress tolerance and biotic stress resistance in *Arabidopsis* [J]. J Integr Plant Biol, 157: 628 – 640.

Shukla L, Chinnusamy V, Sunkar R, 2008. The role of microRNAs and other endogenous small RNAs in plant stress responses [J]. Biochim Biophys Acta, 1779: 743 – 748.

Singh P K, Srivastava D, Tiwari P, et al. , 2019. Drought tolerance in plants: molecular mechanism and regulation of signaling molecules [M]. Plant Signaling Molecules: 105 – 123.

Sunkar R, Chinnusamy V, Zhu J, et al. , 2007. Small RNAs as big players in plant abiotic stress responses and nutrient deprivation [J]. Trends Plant Sci, 12: 301 – 309.

Sunkar R, Kapoor A, Zhu J K, 2006. Posttranscriptional induction of two Cu/Zn superoxide dismutase genes in *Arabidopsis* is mediated by downregulation of miR398 and important for oxidative stress tolerance [J]. Plant Cell, 18 (8): 2051 – 2065.

Sunkar R, Zhu J K, 2004. Novel and stress-regulated microRNA and other small RNA from *Arabidopsis* [J]. Plant Cell, 16: 2001 – 2019.

Suzuki N, Rivero R M, Shulaev V, et al. , 2014. Abiotic and biotic stress combinations [J]. New Phytol, 203: 32 – 43.

Swindell W R, Huebner M, Weber A, 2007. Transcriptional profiling of *Arabidopsis* heat shock proteins and transcription factors reveals extensive overlap between heat and non-heat stress response pathways [J]. BMC Genomics, 8: 125.

Szabados L, Savouré A, 2010. Proline: a multifunctional amino acid [J]. Trends Plant Sci, 15: 89 – 97.

Valivand M, Amooaghaie R, Ahadi A, 2019. Interplay between hydrogen sulfide and calcium/calmodulin enhances systemic acquired acclimation and antioxidative defense against nickel toxicity in zucchini [J]. Environ Exp Bot, 158: 40 – 50.

Van Loon L C, Rep M, Pieterse C M J, 2006. Significance of inducible defense-related proteins in infected plants [J]. Annu Rev Phytopathol, 44: 135 –162.

Vanderauwera S, Zimmermann P, Rombauts S, et al. , 2005. Genome-wide analysis of hydrogen peroxide-regulated gene expression in *Arabidopsis* reveals a high light-induced transcriptional cluster involved in anthocyanin biosynthesis [J]. Plant Physiol, 139: 806 – 821.

Wang D, Chen Q, Chen W, et al. , 2021. Physiological and transcription analyses reveal the regulatory mechanism of melatonin in inducing drought resistance in loquat (*Eriobotrya japonica* Lindl.) seedlings [J]. Environ Exp Bot, 181: 104291.

Wang S S, Zhang Y X, Yang F, et al. , 2017. Sulfur dioxide alleviates programmed cell death in barley aleurone by acting as an antioxidant [J]. PLoS One, 12: e0188289.

Wang T, Chen L, Zhao M, et al. , 2011a. Identification of drought-responsive microRNAs in *Medicago truncatula* by genome-wide high-throughput sequencing [J]. BMC Genomics, 12: 367.

Wang X B, Jin H F, Tang C S, et al. , 2011b. The biological effect of endogenous sulfur dioxide in the cardiovascular system [J]. Eur J Pharmacol, 670: 1 – 6.

Wei L, Zhang D, Xiang F, et al. , 2009. Differentially expressed miRNAs potentially involved in the regulation of defense mechanism to drought stress in maize seedlings [J]. Int J Plant Sci, 170: 979 – 989.

Wei W, Liang D, Bian X, et al. , 2019. GmWRKY54 improves drought tolerance through activating genes in abscisic acid and Ca^{2+} signaling pathways in transgenic soybean [J]. Plant J, 100: 384 – 398.

Willmann M R, Poethig R S, 2007. Conservation and evolution of miRNA regulatory programs in plant development [J]. Curr opin plant biol, 10: 503 –511.

Wu L, Zhou H, Zhang Q, et al. , 2010. DNA methylation mediated by a microRNA pathway [J]. Mol Cell, 38 (3): 46.

Xia Z, Xu Z, Wei Y, et al. , 2018. Overexpression of the maize sulfite oxidase increases sulfate and GSH levels and enhances drought tolerance in transgenic tobacco [J]. Front Plant Sci, 9: 298.

Xie Z, Allen E, Fahlgren N, et al. , 2005. Expression of *Arabidopsis miRNA* genes [J]. Plant Physiol, 138: 2145 – 2154.

Xu Z S, Xia L Q, Chen M, et al. , 2007. Isolation and molecular characterization of the *Triticum aestivum* L. ethylene-responsive factor 1 (TaERF1) that increases multiple stress tolerance [J]. Plant Mol Biol, 65: 719 – 732.

Xuan L, Li J, Wang X, et al. , 2020. Crosstalk between hydrogen sulfide and other signal molecules regulates plant growth and development [J]. Int J Mol Sci, 21: 4593.

Xue G P, Way H M, Richardson T, et al. , 2011. Overexpression of *TaNAC69* leads to enhanced transcript levels of stress up-regulated genes and dehydration tolerance in bread wheat [J]. Mol Plant, 4 (4): 697 – 712.

Xue M, Yi H, 2018. Enhanced *Arabidopsis* disease resistance against *Botrytis cinerea* induced by sulfur dioxide [J]. Ecotoxicol Environ Saf, 147: 523 - 529.

Yarmolinsky D, Brychkova G, Fluhr R, et al. , 2013. Sulfite reductase protects plants against sulfite toxicity [J]. Plant Physiol, 161 (2): 725 -743.

Yoo J H, Park C Y, Kim J C, et al. , 2005. Direct interaction of a divergent CaM isoform and the transcription factor, MYB2, enhances salt tolerance in *Arabidopsis* [J]. J Biol Chem, 280: 3697 - 3706.

Zandalinas S I, Fritschi F B, Mittler R, 2020. Signal transduction networks during stress combination [J]. J Exp Bot, 71: 1734 - 1741.

Zandalinas S I, Fritschi F B, Mittler R, 2021a. Global warming, climate change, and environmental pollution: recipe for a multifactorial stress combination disaster [J]. Trends Plant Sci, 26: 588 - 599.

Zandalinas S I, Sengupta S, Fritschi F B, et al. , 2021b. The impact of multifactorial stress combination on plant growth and survival [J]. New Phytol, 230: 1034 - 1048.

Zemach A, Li Y, Wayburn B, et al. , 2005. DDM1 binds *Arabidopsis* Methyl-CpG binding domain proteins and affects their subnuclear localization [J]. Plant Cell, 17: 1549 - 1558.

Zhang B H, Pan X P, Wang Q L, et al. , 2005. Identification and characterization of new plant microRNAs using EST analysis [J]. Cell Res, 15: 336 - 360.

Zhang H, Hu L Y, Hu K D, et al. , 2008. Hydrogen sulfide promotes Wheat seed germination and alleviates oxidative damage against copper stress [J]. Chinese Bulletin of Botany, 50 (12), 1518 - 1529.

Zhang H, Hu S L, Zhang Z J, et al. , 2011. Hydrogen sulfide acts as a regulator of flower senescence in plants [J]. Postharvest Biol Tec, 60: 251 - 257.

Zhang J, Xu Y, Huan Q, et al. , 2009. Deep sequencing of Brachypodium small RNAs at the global genome level identifies microRNAs involved in cold stress response [J]. BMC Genomics, 10 (1): 449.

Zhang J, Zhou M, Zhou H, et al. , 2021. Hydrogen sulfide, a signaling molecule in plant stress responses [J]. J Integr Plant Biol, 63: 146 - 160.

Zhang L, Zhao G, Xia C, et al. , 2012. A wheat R2R3 - MYB gene, TaMYB30 - B, improves drought stress tolerance in transgenic *Arabidopsis* [J]. J Exp Bot, 63: 5873 - 5885.

Zhang X, Lei L, Lai J, et al. , 2018. Effects of drought stress and water recovery on physiological responses and gene expression in maize seedlings [J]. BMC Plant Biol, 18: 68.

Zhou X F, Wang G D, Zhang W X, 2007. UV-B responsive microRNA genes in *Arabidopsis thaliana* [J]. Mol Syst Biol, 3: 103.

Zhu D B, Hu K D, Guo X K, et al. , 2015. Sulfur dioxide enhances endogenous hydrogen sulfide accumulation and alleviates oxidative stress induced by aluminum stress in germinating wheat seeds [J]. Oxid Med Cell Longev, 2015: 612363.

Zhu J K, 2016. Abiotic stress signaling and responses in plants [J]. Cell, 167: 313 - 324.

附录 1　同工酶谱分析

采用垂直板聚丙烯酰胺凝胶电泳法，浓缩胶浓度均为 4%，CAT 和 POD 电泳的分离胶浓度为 7.5%，SOD 电泳的分离胶浓度为 10%。在 0~4℃进行电泳，SOD 电泳恒压 180 V，CAT 和 POD 电泳恒压 110 V，电泳 2~3h，以 0.007 5% 的溴酚蓝为前沿指示剂，溴酚蓝迁移至凝胶负极顶端约 0.5cm 处停止电泳，进行同工酶显色反应。

1. SOD 同工酶活性染色

SOD 谱带的染色采用氮蓝四唑（NBT）法：在黑暗中将凝胶浸于 2.45×10^{-3} mol/L NBT 溶液中 20min，取出凝胶放入含有 0.028mol/L 四甲基乙二胺（TEMED）、2.8×10^{-5} mol/L 核黄素的 pH=7.8、0.036mol/L 磷酸缓冲液中浸 15min，最后将凝胶浸在含有 1×10^{-4} mol/L EDTA 的 pH=7.8、0.05mol/L 磷酸缓冲液的溶液中，光照 25~30min，SOD 的活性谱带表现为在蓝色背景上的无色透明区带。染色前采用含 5mmol/L H_2O_2 的 pH=7.8、50mmol/L 的磷酸缓冲液处理 20min，来抑制和区分不同类型的 SOD。

2. CAT 同工酶活性染色

CAT 谱带采用活性染色：先将胶浸在 0.01% H_2O_2 中 5min，然后含 1%FeCl₃ 和 1%K₃［Fe（CN）₆］（铁氰化钾）的溶液中显色 5min，用蒸馏水洗两次，CAT 的活性谱带表现为在绿色背景上的黄色透明区带。

3. POD 同工酶活性染色

POD 谱带染色采用联苯胺染色法：将联苯胺溶液（取联苯胺 0.8g，加 6mL 冰醋酸，加热至 80℃溶解，待溶后加入 34mL 蒸馏水）、4％氯化铵溶液、5％EDTA 溶液、0.3％H_2O_2 溶液、蒸馏水按 1∶2∶2∶2∶3 的比例混合均匀，来回振荡 5～10min，同工酶谱带开始为蓝色，逐渐变成棕色，7％HAC 固定。

附录 2 甲基化敏感扩增多态性 (MSAP) 分析

MSAP 大体上包括以下几个方面：酶切、连接、预扩增、选择性扩增、聚丙烯酰胺凝胶电泳、银染检测、数据收集。

（1）酶切

用 Msp I 和 Hpa II 两个同裂酶分别与 EcoRI 结合对基因组进行酶切。第一步，用 EcoRI 进行酶切：$20\mu L$ 体系含 250 ng DNA，EcoRI 3 U，$10\times$缓冲液和无菌水，于 37℃下温浴 4～6h。然后加 2 倍体积无水乙醇于酶切产物中，-20℃放置 2h，抽干后加 $10\mu L$ 无菌水溶解。第二步，把酶切后的 DNA 分成 2 份，一份加入 3U Hpa II，$2\mu L$ $10\times$缓冲液，用水补足 $20\mu L$，37℃下酶切 4～6h；一份加入 Msp I，酶切体系同前，在 37℃下反应 4～6h。

（2）连接

首先把两个单链的接头（附表 2-1）复性为双链结构，即 100℃变性 5min，缓慢冷却至室温，-20℃冷冻保存备用。配制连接体系到酶切产物中，25℃连接 2.5h 或在室温下放置过夜。连接反应体系如下：

$10\times$T4 DNA Ligase Buffer	$2.5\mu L$
E adapter（$5\mu mol/L$）	$0.5\mu L$
H/M adapter（$5\mu mol/L$）	$0.5\mu L$
T4 DNA Ligase	$1\mu L$
dH$_2$O	$0.5\mu L$
酶切产物	$20\mu L$
共计	$25\mu L$

附表 2-1 接头和引物序列

引物/接头	序列
接头 (adapter)	
E-adapterI	5'- CTCGTAGACTGCGTACC - 3'
E-adapterII	5'- AATTGGTACGCAGTC - 3'
HM-adapter I	5'- GATCATGAGTCCTGCT - 3'
HM-adapterII	5'- TCATGATCCTGCTCG - 3'
预扩引物 (Pre-selective primers)	
E-A	5'- GACTGCGTACCAATTCA - 3'
HM	5'- ATCATGAGTCCTGCTCGG - 3'
选扩引物 (Selective primers)	
E-AAC	5'- GACTGCGTACCAATTCAAC - 3'
E-AAG	5'- GACTGCGTACCAATTCAAG - 3'
E-ACA	5'- GACTGCGTACCAATTCACA - 3'
E-ACT	5'- GACTGCGTACCAATTCACT - 3'
E-AGG	5'- GACTGCGTACCAATTCAGG - 3'
E-ACC	5'- GACTGCGTACCAATTCACC - 3'
E-ACG	5'- GACTGCGTACCAATTCACG - 3'
E-AGC	5'- GACTGCGTACCAATTCAGC - 3'
HM-TCCA	5'- ATCATGAGTCCTGCTCGGTCCA - 3'
HM-TCAA	5'- ATCATGAGTCCTGCTCGGTCAA - 3'

（3）预扩增

取 $2\mu L$ 连接产物，作为预扩增反应的模板。预扩增反应体系如下：

10×PCR Buffer	2.5μL
dNTP mix（各 2.5μmol/L）	2μL
E primer（5μmol/L）	2.5μL
H/M primer（5μmol/L）	2.5μL

Taq DNA polymerase（5U/μL）	0.5μL
模板 DNA	1μL
dH$_2$O	14μL
共计	25μL

PCR 程序：94℃预变性 2min，94℃变性 30s，56℃复性 1 min，72℃延伸 1 min，重复 20 个循环，最后 72℃延伸 10min。

根据琼脂糖电泳检测结果，预扩增产物稀释 20 倍，用作选择性扩增的模板。

（4）选择性扩增

本实验采用 *Eco*RI（E）和 *Hpa*Ⅱ/*Msp*Ⅰ（H/M）引物结合来检测基因组"CCGG"位点甲基化变异，采用 E 引物 8 条、H/M引物 2 条（附表 2-1），共有 16 对引物组合。选择性扩增反应体系如下：

10×PCR Buffer	2.5μL
dNTP mix（各 2.5mmol/L）	2μL
E primer（5μmol/L）	2.5μL
H/M primer（5μmol/L）	2.5μL
Taq DNA polymerase（5U/μL）	0.5μL
模板 DNA	1μL
dH$_2$O	14μL
共计	25μL

PCR 程序：94℃预变性 2min，94℃变性 30s，65℃复性 1 min，72℃延伸 1 min，之后 2～9 个循环，DNA 退火温度每次递减 1℃，10～40 个循环退火温度为 56℃，其余步骤同第一个循环，最后 72℃延伸 10min。

（5）聚丙烯酰胺凝胶电泳

①玻璃板的准备：玻璃板分为大板和小板（上部凹形），用洗

涤剂将两块玻璃板彻底清洗干净，95％酒精擦两遍，晾干。用 1 mL 0.5％的结合硅烷（5μL 冰醋酸，1 mL 无水乙醇，5μL 亲和硅烷）均匀涂布长玻璃板，横向纵向交叉各 3 次，放置 10min 后，95％酒精再擦两遍，备用。

②凝胶的制备：采用 6％变性聚丙烯酰胺凝胶电泳。

尿素（分析纯）	29.4g
40％丙烯酰胺胶贮液（Acrylamide：Bis＝19：1）	10.5mL
5X TBE	14mL
超纯水	加至总体积 70mL

灌胶前，加入四甲基乙二胺（TEMED）40μL，10％过硫酸铵（APS）400μL，混匀，立即灌胶。聚合 3h 以上即可电泳。若制好的凝胶板较长时间不使用，可用保鲜膜盖在凝胶顶部。

③电泳：采用北京君意东方电泳设备有限公司 JY-CX2B 型 DNA 测序电泳槽和北京市六一仪器厂 DYY-10C 型电泳仪。待凝胶聚合后，以 1X TBE（Tris 碱＋硼酸＋EDTA）缓冲液，恒功率 80W 预电泳 30min 以上，使胶板的温度达到 55℃。点样前，在选择性扩增产物中加入 3X loading buffer（98％的去离子甲酰胺，0.005％的二甲苯青 FF 和 0.005％溴酚蓝），混匀，95℃变性 5min，立即置于冰上。冲洗干净上样孔，每孔加样品混合物 12μL。恒功率 55W 电泳至二甲苯青达到整个凝胶的 2/3 处，停止电泳。

（6）银染检测

·银染检测溶液配方：

①固定/终止液：200mL 无水乙醇＋10mL 冰醋酸＋1 790mL 蒸馏水。

②染色液：4g 硝酸银＋200mL 无水乙醇＋10mL 冰醋酸＋1 790mL 蒸馏水。

③显影液：40g 氢氧化钠＋6mL 甲醛＋2 000mL 水。

·银染检测程序：

①固定：电泳结束后，轻轻分离两块玻璃板，将附着胶的一块板置于固定液中，轻摇 20min，直至指示染料消失。

②漂洗：回收固定液，用双蒸水洗涤凝胶 3 次，每次至少 2min，凝胶板从水中取出后，竖起控水 15s。

③染色：将胶板移至染色液中，轻摇 30min。

④显影：将染色后的胶板放入双蒸水中 5～10s，迅速取出并竖起控水，随后把胶板放入预冷的一半显影液中，充分摇动，当出现第一批条带后，倒入另一半显影液，轻摇至条带全部出现（注意：从放入水中到放入显影液中，时间不应超过 10s）。

⑤停影：将胶板放入回收的固定液中，停止显影并固定影像。

⑥固定完全后，用双蒸水洗涤凝胶 2 次，每次至少 2min，凝胶板从水中取出后，竖起控水凉干。

⑦照相，统计条带。

(7) 数据处理

进行 3 个独立重复实验，统计 H（$EcoRI/HpaII$）和 M（$EcoRI/MspI$）泳道重复性好、清晰的扩增条带数及带型。每 1 个条带代表 1 个酶切识别位点，清晰可见的条带"有/无"记为"＋/－"。

附录3 亚硫酸氢盐修饰后测序分析

亚硫酸氢盐修饰后测序分析实验主要包括亚硫酸氢盐修饰基因组 DNA、修饰后 DNA 纯化回收、PCR 扩增及克隆测序。

(1) 亚硫酸氢钠修饰基因组 DNA

①取 2μg（45μL）DNA，超声波（功率 54W，作用 1min）断裂至 450~1 500bp。

②加入 5μL3mol/L NaOH（新鲜制备，终浓度 0.3mol/L），39℃培养 30min。

③加 510μL 亚硫酸氢钠和 30μL 对苯二酚至上述水浴后溶液中，55℃培养 16h。

·水浴期间配制：

a. 10mmol /L 对苯二酚（避光）。

b. 40.5％亚硫酸氢钠：在 8mL 水中溶解 4.05g 亚硫酸氢钠（Sigma，S9000），缓慢搅动，避免通风。用 10mol/L NaOH（新鲜制备）调 pH 至 5.0，定容至 10mL。

(2) 修饰后 DNA 纯化回收

使用 Promega Wizard Cleanup DNA 纯化回收系统（Promega，A7280）。

①70℃水浴预热超纯水，配制 80％异丙醇。

②加 1mL Wizard DNA Clean-up resin，颠倒混匀数次，使 DNA 与树脂充分结合。

③将注射器针筒与回收小柱紧密连接后，将上述混合物转移至针筒内，将离心管放置于小柱下接收废液。缓缓插入注射器活塞，轻轻将液体推入小柱，此时可见小柱内有白色树脂沉积。

④将针筒与小柱分离后拔出活塞，再将针筒与小柱连接，向针

筒内加 2mL 80％的异丙醇清洗柱子，插入活塞，轻轻推动溶液通过小柱。

⑤移开针筒，将小柱转移到洁净的 1.5mL 离心管上，12 000r/min 离心 2min，以甩去残余异丙醇成分，使树脂干燥。

⑥将小柱取下置于新的离心管上，在小柱中加 50μL 预热的超纯水，室温放置 5min，12 000r/min 离心 1min，洗脱结合的 DNA。

⑦测量从柱子回收的 DNA 的准确体积，加入 3mol/L NaOH（来自第一天）至终浓度 0.3mol/L，37℃培养 15min。

⑧放至室温后，加 10mol/L pH 7.0 的 NH_4OAc 至终浓度 3mol/L，加入 2μL 的 20μg/μL 糖原，3 倍体积的无水乙醇，过夜沉淀。

⑨12 000r/min 离心 15min，弃上清液。

⑩70％乙醇洗两次，干燥沉淀，溶于 30μ LTris-EDTA 缓冲液（TE）。

（3）PCR 扩增

亚硫酸氢盐变性后的 DNA 进行 PCR 扩增时，与普通 PCR 不同。

①RD29A 采用优先扩增 1 条链的方法，从而检测 1 条链的甲基化状况。

10×PCR Buffer	2μL
dNTP mix（各 2.5mmol/L）	2μL
反向引物（10μmol/L）	1.5μL
模板 DNA	3μL
dH$_2$O	11.5μL

将上述混合液混匀，放入 PCR 仪，95℃变性 5min。在 4min 30s 时在 PCR 管中加入以下酶混合液：

Taq DNA polymerase（5 U/μL）	0.5μL
10×PCR Buffer	0.5μL
dH$_2$O	1.5μL

继续反应至 5min，95℃变性 1min，60℃复性 3min，72℃延伸 3min，4 个循环，在最后 1 个循环延伸到 2min 30s 时，加入另 1 条引物。

正向引物（10μmol/L）	1.5μL
10×PCR Buffer	0.5μL
dH₂O	0.5μL

然后按照以下程序完成 PCR：95℃变性 1min，60℃复性 1min 30s，72℃延伸 2min，10 个循环，之后 30 个循环退火温度为 50℃，其余步骤同第 1 个循环，最后 72℃延伸 5min。

②*CCD7*、*NIT2* 和 *ACS6* 基因 PCR 扩增体系。

10×PCR Buffer	2.5μL
dNTP mix（各 2.5mmol/L）	2μL
Primer 1（10μmol/L）	1.5μL
Primer 2（10μmol/L）	1.5μL
Taq DNA polymerase（5U/μL）	0.5μL
模板 DNA	3μL
dH₂O	14μL
共计	25μL

a. *CCD7* 基因 PCR 程序：

94℃变性 3min，94℃变性 10s，60℃复性 1min 30s，60℃延伸 3min，2 个循环；之后 32 个循环退火温度为 56℃，其余步骤同第 1 个循环；最后 60℃延伸 5min。

b. *NIT2* 基因 PCR 程序：

94℃变性 3min，94℃变性 10s，60℃复性 1min 30s，60℃延伸 3min，2 个循环；3—4 循环退火温度为 59℃，5—6 循环退火温度为 58℃，之后 34 个循环退火温度为 57℃，其余步骤同第 1 个循环；最后 60℃延伸 5min。

c. *ACS6* 基因 PCR 扩增程序：

94℃变性 3min，94℃变性 10s，60℃复性 1min 30s，60℃延伸 3min，2 个循环；3—4 循环退火温度为 59℃，之后 36 个循环退火温度为 58℃，其余步骤同第 1 个循环；最后 60℃延伸 5min。

（4）克隆测序

利用琼脂糖凝胶 DNA 回收试剂盒纯化 PCR 产物，取 $2\mu L$ 用于连接反应，克隆到 Takara 公司的 pMD18 - T 载体中，按载体/插入片段 1∶3 的比例进行，总反应体积为 $10\mu L$。

从琼脂糖凝胶中回收 PCR 产物（天根，DP214）：

①柱平衡步骤：向吸附柱中加入 $500\mu L$ 平衡液 BL，12 000r/min 离心 1min，倒掉收集管中的废液，将吸附柱重新放回到收集管中。

②将单一的目的 DNA 条带从琼脂糖凝胶中切下，放入干净的离心管，称取重量。

③向胶块中加入等体积溶胶液 PC（胶重 0.1g，可视为 $100\mu L$），50℃水浴放置 10min 左右，其间不断温和地上下颠倒离心管，以确保胶块充分溶解。

④将上一部所得溶液加入平衡好的吸附柱中，12 000r/min 离心 1min，倒掉收集管中的废液，将吸附柱放入收集管中。

⑤向吸附柱中加入 $600\mu L$ 漂洗液 PW，12 000r/min 离心 1min，倒掉收集管中的废液，将吸附柱放入收集管中。

⑥重复步骤 5。

⑦将吸附柱放入收集管中，12 000r/min 离心 2min，尽量除去漂洗液。将吸附柱室温放置数分钟，彻底晾干。将吸附柱放入一个干净离心管中，向吸附膜中间位置悬空滴加适量的洗脱缓冲液 EB，室温放置 2min，12 000r/min 离心 2min，收集 PCR 产物。

·制备感受态细胞：

将大肠杆菌 DH5α 在 LB 琼脂平板上划线，37℃培养 16～20h。挑取 1 个单菌落，接种于盛有 10mL LB 培养基的三角瓶中，37℃振荡培养（250r/min）到细胞的 OD600 值为 0.3～0.5，使细胞处于对数生长期或对数生长前期。吸取 1.5mL 菌液至离心管中，置冰浴中 10min 后，4 000r/min 离心 10min。弃上清液，倒置离心管流尽剩余液体，置冰溶 10min。加入 750μL 预冷的 0.1mol/L CaCl$_2$ 溶液，用移液枪轻轻上下吸动打匀，使细胞重新悬浮，置冰溶 20min。4 000r/min 离心 10min 回收菌体，弃上清液，加入 150μL 预冷的 0.1mol/L CaCl$_2$ 溶液，用移液枪轻轻上下吸动打匀，重新悬浮细胞。按每份 200μL 分装细胞于无菌小离心管中。

· 转化：

①在微量离心管中配置下列 DNA 溶液，全量为 5μL。

pMD18 - T	1μL
纯化的 PCR 产物	2μL
dH$_2$O	2μL

②加入 5μL（等量）的溶液 I。

③16℃反应 30min。

④全量（10μL）加入至 100μL 感受态细胞中，冰中放置 30min。

⑤42℃加热 45s，再在冰中放置 1min。

⑥加入 890μL SOC 培养基，37℃振荡培养 60min。

⑦将每个转化培养基 100μL 涂到 LB/IPTG/X-Gal 平板上，室温下放置 20～30min。

⑧待菌液被平板吸收后，倒置平板于 37℃过夜培养（16～24h），形成单菌落。

⑨挑选白色菌落，确认插入片段的长度大小。

⑩随机挑取 20 个阳性克隆，提取质粒进行序列测定。

测序结果通过 http：//www.gmi.oeaw.ac.at/CyMATE/进行甲基化分析。

· 质粒提取：

①挑取 1 个单菌落于 5mL LB 培养基的试管中（含 100μg/mL 的氨苄青霉素），37℃振荡培养过夜（16～24h）。

②吸取 1.5mL 的过夜培养物于离心管中，12 000r/min 离心 30s，弃去上清液，留下细胞沉淀。

③加入 100μL 冰预冷的溶液 I（葡萄糖 50mol/L，Tris-HCl 25mol/L，EDTA 10mol/L），剧烈振荡混匀。

④加入 200μL 溶液 II（NaOH 0.2mol/L，SDS 1%），反复颠倒 5～6 次，置冰溶中 3～5min。

⑤加入 150μL 溶液 III（KOAc 5mol/L，冰醋酸，水），管盖朝下温和振荡 10s，冰溶 3～5min。

⑥12 000r/min 离心 5min，沉淀细胞碎片和染色体 DNA，取上清液转移至另一离心管中。

⑦加入等体积的溶液 IV（酚：三氯甲烷：异戊醇＝25：24：1），振荡混匀，室温下离心 2min，取上清液于另一离心管中。

⑧加入 2 倍体积的冷无水乙醇，室温放置 2min，离心 5min，弃上清液。

⑨加入 1mL 70% 乙醇漂洗，离心后弃上清液，室温放置 10min。

⑩加入 50μL TE（含 20μg/mL 的 RNase），充分混匀。

附录 4　高通量测序

1. RNA 提取及检测

取对照和胁迫组拟南芥植株，利用 Trizol 法（Invitrogen）提取总 RNA，用 DNA 酶（RNase-free，New England BioLabs）去除残留 DNA。

2. Solexa 高通量测序

取对照和胁迫组总 RNA 样品，采用变性聚丙烯酰胺凝胶分离纯化出 18～30nt 的小 RNA 片段，分别在 3′端和 5′端连上接头序列，经 RT-PCR 扩增构建小 RNA 文库，直接用于测序。测序在高通量 Solexa 平台进行（华大基因）（附图 4－1）。

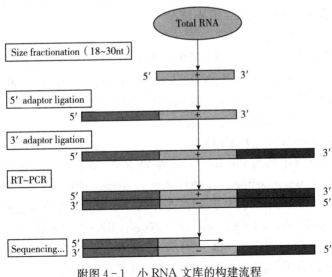

附图 4－1　小 RNA 文库的构建流程

3. 生物信息学分析

（1）数据处理及长度分布

通过去接头、去低质量、去污染等一系列处理得到干净的序列（clean reads），并把序列相同的干净序列归为一类，作为种类（unique reads），然后统计小 RNA（sRNA）的序列种类（用 unique 表示）及序列数量（用 total 表示），并对小 RNA 序列做长度分布统计。其中原始序列处理包括以下步骤：

①去除测序质量较低的 reads；

②去除没有 3′接头序列的 reads；

③去除没有插入片段的 reads；

④去除有 5′接头污染的 reads；

⑤去除小于 18nt 的小片段；

⑥去除包含 polyA 的 reads；

⑦去除 3′adaptor 序列。

（2）样品间小 RNA 公共及特有序列分析

统计两样品间公共序列和特有序列的种类（用 unique 表示）及数量（用 total 表示）分布情况。

（3）基因组比对

将所得的序列用 SOAP2.0 程序（http：//soap. genomics. org. cn/）与拟南芥基因组数据库（http：//www. arabidopsis. org）进行 Blast 比对，筛选出与基因组配对的小 RNA 序列，分析小 RNA 的表达和分布情况。

（4）小 RNA 分类注释

将所得序列与 Genbank、非编码 RNA 数据库 Rfam（10.1）（http：//www. sanger. ac. uk/software/Rfam）和 miRNA 数据库比对，来注释测序得到的小 RNA 序列，尽可能地发现并去除其中可能的 rRNA、tRNA、scRNA（胞浆小 RNA）、snoRNA（核仁内小 RNA）、snRNA（核小 RNA）；将 sRNA 比对到 mRNA 的外显子和内含子，找出来自 mRNA 降解片段的 sRNA。

（5）已知 miRNA 家族分析

将小 RNA 序列与 miRNA 生物信息数据库 miRBase 中拟南芥 miRNA 进行比对，找出数据库中已知 miRNA 的信息。

（6）新 miRNA 预测

选择没有匹配上任何注释信息的小 RNA 进行新 miRNA 的预测。利用在线软件 MFOLD3.2（http：//www.bioinfor.rpi.edu/applications/mfold/ rna/forml.cgi）对目标 miRNA 位点上游和下游各 150bp 范围内的序列进行其前体的二级折叠结构分析，并用 miREAP 软件（Beijing Genome Institute，http：//sourceforge.net/projects/mireap/）进行评估，筛选二级结构严格符合 miRNA 前体特征的序列作为新 miRNA 基因。具体标准是，成熟的序列应位于前体的茎干区域，长度在 18～25nt 之间，前体最大的自由折叠能-18 kcal/mol，在 miRNA 和 $miRNA^*$ 间不超过 4 个不对称位点，miRNA 和 $miRNA^*$ 间最少 16 配对碱基数且两者之间序列长度小于 300nt，miRNA 在基因组序列的最大拷贝数为 20。

（7）差异表达分析

①首先将两个样品（control 和 treatment）归一化到同一个量级。

公式：归一化的表达量＝miRNA 表达量/样品总表达量×归一量级

②统计处理组和对照组拟南芥中已知 miRNA 和新 miRNA 的表达水平，判断两样品之间的表达量是否存在显著性差异，并分别使用 $\log_2$ - ratio、Scatter plot 图比较两个样品中 miRNA 表达量的差异，最后以 fold change 值大于 1 或小于-1为标准，筛选在 SO_2 处理组和对照组间差异表达的 miRNA，并且 P-value 值小于 0.05 为显著差异表达，P-value 值小于 0.01 为极显著差异表达。

（8）miRNA 靶基因预测

利用在线软件 miRU（http：//bioinfo3.noble.org/miRNA/miRU.htm）和 WMD3（http：//wmd3.weigelworlci.org/）预测差异表达 miRNA 的靶基因。

使用如下规则进行 miRNA 的靶基因预测：

①sRNA 与靶基因间的错配不得超过 4 个（G-U 配对认为 0.5 个错配）；

②在 miRNA/靶基因复合体中不得有超过 2 处发生相邻位点的错配；

③在 miRNA/靶基因复合体中，从 miRNA 的 5′端起第 2 个至第 12 个位点不得有相邻位点都发生错配；

④miRNA/靶基因复合体的第 10 个和第 11 个位点不得发生错配；

⑤在 miRNA/靶基因复合体中，从 miRNA 的 5′端起第 1 个至第 12 个位点不得有超过 2.5 个错配；

⑥miRNA/靶基因复合体的最低自由能（MFE）应不小于该 miRNA 与其最佳互补体结合时 MFE 的 75%。

（9）靶基因的 GO 富集分析

GO 总共有 3 个 ontology，分别描述基因的分子功能、所处的细胞位置、参与的生物过程。

①GO 富集倍数分析：主要依据基本分析中的基因数目通过富集值来描述某个 GO-term 的富集情况。

②靶基因种类和分布：以在 3 种分类（细胞组分和元件、分子功能和生物过程）的基因数量来推断 miRNA 的功能。

（10）靶基因的 KEGG 通路分析

通过通路显著性富集分析能确定候选靶基因参与的最主要生化代谢途径和信号转导途径。

图书在版编目（CIP）数据

植物对二氧化硫胁迫的反应与应答机制／李利红著
．—北京：中国农业出版社，2022.6
ISBN 978-7-109-29995-5

Ⅰ.①植…　Ⅱ.①李…　Ⅲ.①植物生理学－研究
Ⅳ.①Q945

中国版本图书馆 CIP 数据核字（2022）第 170060 号

植物对二氧化硫胁迫的反应与应答机制
ZHIWU DUI ERYANGHUALIU XIEPO DE FANYING YU YINGDA JIZHI

中国农业出版社出版
地址：北京市朝阳区麦子店街 18 号楼
邮编：100125
责任编辑：边　疆
责任校对：吴丽婷
印刷：北京通州皇家印刷厂
版次：2022 年 6 月第 1 版
印次：2022 年 6 月北京第 1 次印刷
发行：新华书店北京发行所
开本：880mm×1230mm　1/32
印张：5.5
字数：150 千字
定价：55.00 元

版权所有·侵权必究
凡购买本社图书，如有印装质量问题，我社负责调换。
服务电话：010－59195115　010－59194918

内容提要

　　面瘫怎么防？怎么治？本书从"未病先防，既病防变"的理念出发，分别从基础知识、发病信号、鉴别诊断、综合治疗、康复调养和预防保健六个方面进行介绍，告诉您关于面瘫您需要知道的有多少，您能做的有哪些。

　　阅读本书，让您在全面了解面瘫的基础上，能正确应对面瘫的"防"与"治"。本书适合面瘫患者及家属阅读参考，凡患者或家属可能存在的疑问，都能找到解答，带着问题找答案，犹如专家与您面对面。

专家与您面对面

丛书编委会（按姓氏笔画排序）

王　策	王建国	王海云	尤　蔚	牛　菲	牛胜德	牛换香
尹彩霞	申淑芳	史慧栋	付　涛	付丽珠	白秀萍	吕晓红
刘　凯	刘　颖	刘月梅	刘宇欣	刘红旗	刘彦才	刘艳清
刘德清	齐国海	江　莉	江荷叶	许兰芬	李书军	李贞福
张凤兰	张晓慧	周　萃	赵瑞清	段江曼	高福生	程　石
谢素萍	熊　露	魏保生				

前言

　　"健康是福"已经是人尽皆知的道理。有了健康，才有事业，才有未来，才有幸福；失去健康，就失去一切。那么什么是健康？健康包含三个方面的内容，身体好，没有疾病，即生理健康；心理平衡，始终保持良好的心理状态，即心理健康；个人和社会相协调，即社会适应能力强。健康不应以治病为本，因为治病花钱受罪，事倍功半，是下策。健康应以养生预防为本，省钱省力，事半功倍，乃是上策。

　　然而，污染的空气、恶化的水源、生活的压力等等，来自现实社会对健康的威胁却越来越令人担忧。没病之前，不知道如何保养，一旦患病，又不知道如何就医。基于这种现状，我们从"未病先防，既病防变"的理念出发，邀请众多医学专家编写了这套丛书。丛书本着一切为了健康的目标，遵循科学性、权威性、实用性、普及性的原则，简明扼要地介绍了100种疾病。旨在提高全民族的健康与身体素质，消除医学知识的不对等，把健康知识送到每一个家庭，帮助大家实现身心健康的理想。本套丛书的章节结构如下。

　　第一章 疾病扫盲——若想健康身体好，基础知识须知道；

　　第二章 发病信号——疾病总会露马脚，练就慧眼早明了；

　　第三章 诊断须知——确诊病症下对药，必要检查不可少；

第四章 治疗疾病——合理用药很重要，综合治疗效果好；

第五章 康复调养——三分治疗七分养，自我保健恢复早；

第六章 预防保健——身心锻炼都做到，远离疾病活到老。

按照以上结构，作者根据在临床工作中的实践体会，和就诊时患者经常提出的一些问题，对100种常见疾病做了系统的介绍，内容丰富，深入浅出，通俗易懂。通过阅读，能使读者在自己的努力下，进行自我保健，以增强体质，减少疾病；一旦患病，以利尽早发现，及时治疗，早日康复，将疾病带来的损害降至最低限度。一书在手，犹如请了一位与您面对面交谈的专家，可以随时为您答疑解惑。丛书不仅适合患者阅读，也适用于健康人群预防保健参考所需。限于水平与时间，不足之处在所难免，望广大读者批评、指正。

编者

2015 年 10 月

目录

第1章 **疾病扫盲**
——若想健康身体好，基础知识须知道

第2章 发病信号

——疾病总会露马脚，练就慧眼早明了

第3章　**诊断须知**
——确诊病症下对药，必要检查不可少

第4章　**治疗疾病**
　　——合理用药很重要，综合治疗效果好

第5章　康复调养
—— 三分治疗七分养，自我保健恢复早

第6章　预防保健
—— 身心锻炼都做到，远离疾病活到老

第 1 章

疾病扫盲

若想健康身体好，基础知识须知道

什么是面瘫

面瘫即指面肌瘫痪，是由各种原因导致的面神经受损而引起的病症。主要临床表现是，面部运动功能障碍。可分为麻痹性和刺激性两类。临床以麻痹性较常见。

面瘫又是中医疾病"口僻"病的习称，是指以突发面部麻木，口眼歪斜为主要表现的痿病类疾病。

因此，面瘫既是一种症状，又是个病名，应该注意加以区分。

面部肌肉怎样分布

面肌为扁薄的皮肌，位置浅表，大多起自颅骨的不同部位，止于面部皮肤，主要分布于面部孔裂周围，如眼裂、口裂和鼻孔周围，可分为环形肌和辐射肌两种，有闭合或开大上述孔裂的作用；同时，牵动面部皮肤，显示喜怒哀乐等各种表情。人类面肌较其他动物发达，这与人类大脑皮质的高度发展、思维和语言活动有关，人耳周围肌已明显退化。

（1）颅顶肌。颅顶肌阔而薄，左右各有一块枕额肌，它由两个肌腹和中间的帽状腱膜构成。前方的肌腹位于额部皮下，称额腹；

后方的肌腹位于枕部皮下，称枕腹。帽状腱膜很坚韧，连于两肌腹，并于头皮紧密结合，而与深部的骨膜则隔以疏松的结缔组织。枕腹起自枕骨，额腹止于眉部皮肤。枕腹可向后牵拉帽状腱膜，额腹收缩时可提眉并使额部皮肤出现皱纹。

（2）眼轮匝肌。眼轮匝肌位于眼裂周围，呈扁圆形。能使眼裂闭合。由于少量肌束附着于泪囊后面，当收缩闭眼时，可同时扩张泪囊，促使泪液经鼻泪管流向鼻腔。

（3）口周围肌。口周围肌位于口裂周围，包括辐射状肌和环形肌。辐射状肌分别位于口唇的上、下方，能上提上唇，降下唇或拉口角向上、向下或向外。在面颊深部有一对颊肌，此肌紧贴口腔侧壁，可使唇、颊紧贴牙齿，帮助咀嚼和吸吮；还可以外拉口角。环绕口裂的环形肌称口轮匝肌，收缩时关闭口裂（闭嘴）。

（4）鼻肌。鼻肌不发达，为几块扁薄小肌，分布在鼻孔周围，有开大或缩小鼻孔的作用。

面神经分几支

面神经由两个根组成，一个是较大的运动根，另一个是较小的中间神经（感觉和副交感纤维）；自小脑中脚下缘出脑后，进入内耳门，两根合成一干，穿过内耳道底进入面神经管，由茎乳孔出颅，向前穿过腮腺到达面部。在面神经管始部，有膨大的膝神经节。

（1）在面神经管内的分支

①鼓索在面神经出茎乳孔前约6mm处发出，行向前上进入鼓室，然后，穿岩鼓裂出鼓室，至颞下窝，行向前下并入舌神经。鼓索含有两种纤维：味觉纤维，随舌神经分布于舌前2/3的味蕾，司味觉；副交感纤维进入下颌神经节，在节内交换神经元后，分布于下颌下腺和舌下腺，支配腺体分泌。

②岩大神经含有副交感性的分泌纤维，自膝神经节处分出，出岩大神经管裂孔前行，与来自颈内动脉交感丛的岩深神经合成翼管神经，穿翼管至翼腭窝，进入翼腭神经节；副交感纤维在节内交换神经元后，支配泪腺、腭及鼻腔黏膜的腺体分泌。

③镫骨肌神经支配镫骨肌。

（2）在颅外的分支

面神经出茎乳孔后即发出三个小分支，支配枕肌、耳周围肌、二腹肌后腹和茎突舌骨肌。面神经主干进入腮腺实质，在腺内分支组成腮腺内丛，丛发分支从腮腺前缘呈辐射状分布，支配面肌。

①颞支离腮腺上缘，斜越颧弓，常为3支，支配额肌和眼轮匝肌上部。

②颧支由腮腺前端穿出。为 3 ~ 4 支，至眼轮匝肌、至颧肌。

③颊支出腮腺前缘，为 3 ~ 4 支，至颊肌、口轮匝肌及其他口周围肌。

④下颌缘支从腮腺下端穿出后，行于颈阔肌深面，越过面动、静脉的浅面，沿下颌下缘向前，至下唇诸肌及颏肌。

⑤颈支由腮腺下端穿出，在下颌角附近至颈部，在颈阔肌深面向前下，支配该肌。

面神经的应用解剖内容

面神经离脑桥下缘后，偕同听神经入内耳道。

第 1 段：面神经离脑桥下缘行至内耳门为颅内段，长约 23 ~ 24mm。

第 2 段：面神经从内耳门到内耳道底而进入面神经骨管中，为内耳道段，长约 7 ~ 8mm，与中间神经合并。

第 3 段：为最短的一段，仅 3 ~ 4mm，行向外侧面微斜向前，界于前庭与耳蜗之间到达膝部，即膝状神经节，称为岩骨内段或迷路段。有时，此处骨管缺如，约占 5% ~ 15%，膝状神经节与硬脑膜直接相接。在颅中窝进路，行内耳道手术，分离颅中窝脑膜时，要避免损伤。

第 4 段：面神经自膝状神经节转向后微向下。经鼓室内侧壁的前庭窗上，到达鼓室后壁，为面神经水平段，它与水平线成 30°角，为中耳炎性病变和手术时最易损伤的部位。水平段与迷路段形成 74° ~ 80° 角，水平段又名鼓室段，低于迷路段，该段长 8 ~ 12mm。水平段面神经从水平面转向垂直面进入乳突，弯曲形成一约 110° ~ 127° 向前张开的角，转折膝部长 2 ~ 3mm。面神经管第 2 膝位于砧骨窝下方，鼓窦底、水平与后半规管内侧之间，从第 2 膝到前庭窗和鼓环的距离均为 3mm，到外耳道后上棘为 14 ~ 20mm。在乳突手术时，位于鼓窦底的砧骨短突和砧骨窝是面神经管第 2 膝的可靠标志。

面神经隐窝，又名锥隆凸上隐窝，在茎突复合体之后面神经下降段之间，内侧面为面神经垂直段开始，外侧为鼓索神经与鼓环，上界为砧骨窝，下方为鼓索隆凸与锥隆凸间骨质为鼓索嵴，后壁为乳突前壁一部分。该窝平均深 2.5mm，宽 1 ~ 2mm，高 0.5 ~ 1.0mm。慢性中耳炎病变，经气房扩展至乳突区及鼓室窦，必须经后鼓室进路，开放面神经隐窝进路还可行面神经水平段减压术和耳蜗移植等手术。

第 5 段：为面神经垂直段，自锥隆凸之后，转向下 1 ~ 2mm 为垂直段开始，或其上端位于外半规管后端下方，相当于砧骨短突之下和锥隆凸平面，下达茎乳孔，相当于二腹肌嵴前方，其位置较深，在成人距乳突表面不小于 2cm。垂直段亦称乳突段全长 15 ~ 20mm，自第 2 膝至茎乳孔，垂直偏后走行与之形成 5° ~ 35° 角，向下向外与垂直面小于 45° 角。该管很少始于外半规管，手术若与外半规管保持 1 ~ 2mm 距离，不会损伤面神经。在面神经后气房区的面神经垂直段骨管裂隙并非罕见，在进行迷路切除、经迷路进路的内耳道手术和内淋巴囊手术时，应避免损伤因骨质缺损而暴露的垂直段面神经。面神经越过鼓室窦多数向下在蜗窗平面向后距鼓沟为 1 ~ 6mm，通常为 3 ~ 4mm，处理面神经管周围气房时应注意之。茎乳孔位于茎突后外方，乳突外侧面距茎乳孔约 6 ~ 12mm。为了避免损伤面神经，手术应限于乳突前缘，若颈静脉窝明显高位时，面神经乳突段与颈静脉毗邻。反之，颈静脉球低于茎乳孔平面。颈内动脉管到茎乳孔的距离约 10mm，这个长度是恒定的。

　　面神经在鼓室内的主要分支为：岩大浅神经，位于膝状神经节前方；镫骨肌神经，从面神经垂直部的起始处分出后，向上、向前走行；鼓索神经经常在面神经垂直段下 1/3 分出，有时，鼓索神经管靠近茎乳孔附近单独开口，其确切分出的平面是不定的，可在镫骨肌神经支下 1 ~ 2mm 或距茎乳孔 3 ~ 4mm，甚至在茎乳孔之下进入鼓室，或可起源于面神经干前、外后侧。鼓索神经，有时位于外耳道前壁或平行越过前庭窗。这些解剖变异在手术中常带来许多困难，在手术中，可以以鼓索神经作为面神经主干的标志之一。鼓索神经在面神经水平段前外侧，而在垂直段后内侧，它从鼓室前壁的岩鼓裂处离开鼓室而入颈部和舌神经联合。

面神经自膝状神经节至鼓室后壁的锥隆凸，长约 11mm，自锥隆凸至茎乳孔长 16mm，两段全长 27mm。但自茎乳孔经鼓室内壁直达膝状神经节全长距离则为 22mm，较面神经原路线短 5mm。所以，若面神经在颞骨内缺损在 3mm 之内，可以改道直接缝合，并无张力。否则，须施行神经移植术。

面神经出茎乳孔后迂回向上向前约 105° 角度而达腮腺。在腮腺中首先分为上、下两大支，然后，再分为颞支、上颧支、下颧支、颊支、下颌缘支及颈支，形成复杂的分支及吻合网。其中可见与三叉神经的小支有广泛联系，此外，尚有许多小分支超过中线，分布到对侧小部分面部表情肌。

面瘫分为几类

根据病变部位不同，一般将面瘫分为两种。

（1）面神经核以上至大脑皮层中枢（中央前回下 1/3）间的病损

所引起的面肌瘫痪为核上性面瘫，或称中枢性面瘫。其特点如下。

①病损对侧眼眶以下的面肌瘫痪。

②常伴有面瘫同侧的肢体偏瘫。

③无味觉和涎液分泌障碍。

（2）面神经核及面神经病损所引起的面瘫称周围性面瘫，其特点如下。

①病变同侧所有的面肌均瘫痪。

②如有肢体瘫痪，常为面瘫对侧的肢体受累，例如脑干病变而引起的交叉性瘫痪。

③可有病侧舌前 2/3 的味觉减退及涎液分泌障碍。

面瘫怎样分期

中医面瘫病证，基本上是指贝尔麻痹。贝尔麻痹轻者多无神经变性，经 2～3 周后开始恢复，1～2 个月痊愈，神经部分变性者需 3～6 个月，80% 的患者可在 2～3 个月内恢复。

面瘫分为如下 3 期。

（1）急性期。发病 1 周以内。此期为面神经炎症水肿进展期。此期针刺治疗于面瘫局部少取穴，应浅刺，弱刺激，或者局部不取穴而以循经远取穴为主治疗，对控制病情进展有好处。此期避免强刺激，慎用电针（电麻仪）治疗。

（2）恢复期。发病1周至1个月以内。此期针刺治疗以局部取穴为主，配合循经远取，是治疗面瘫的关键时期。

（3）后遗症期。发病3个月至半年以上（从恢复期1～3个月之间，可根据患者具体情况或划为恢复期，或划为后遗症期，两期不可拘泥时日绝对划分）。此期对重症、顽固性病症予深刺，透穴或电针增加刺激量，并根据后遗症状对症选穴，配合多种疗法，仍有一定恢复作用。

中枢性面神经麻痹与周围性面神经麻痹怎样鉴别

中枢性面神经麻痹于颜面上部的肌肉并不出现瘫痪，所以，闭眼、扬眉、皱眉均正常。额纹与对侧深度相等，眉毛高度与睑裂大小均与对侧无异。常根据此点与周围性神经麻痹相鉴别。中枢性与周围性面神经麻痹之鉴别，瘫痪明显者一目了然，极轻者鉴别困难。可以依靠以下几方面来鉴别：一靠表情运动，中枢性者哭笑时不表现瘫痪，周围性者则瘫痪更加明显；二靠掌颏反射，中枢性瘫痪有或亢进，周围性瘫痪无或减弱，但此法不太可靠；三靠将其他体征联系起来判定，此法最为可靠。

例如，当患者之面神经瘫不易判定其为中枢性或周围性时，如患者合并一侧上下肢轻瘫，瘫痪之上下肢是在面神经瘫痪之对侧，则其面神经瘫痪必为周围性；如瘫痪之上下肢是在面神经瘫痪之同侧，其面神经瘫痪必为中枢性，和眼肌瘫痪联系起来也与此相类似。

周围性面神经麻痹分哪些临床类型

（1）急性和亚急性。这种类型最常见。主要是感染性疾患，多认为是病毒感染，因为常发生在受凉、吹风或感冒之后。此外，各种中毒，如铝、砷、氯仿等化学物质中毒，以及某些代谢性疾病如糖尿病、卟啉症等偶可出现急性或亚急性面神经麻痹。一些传染病如白喉、腮腺炎、风疹等有时也可并发。

（2）慢性进行性。此型多表现病程长，起病隐袭缓渐，进行性发展，以肿瘤占绝大多数。例如，腮腺肿瘤、听神经瘤、岩骨肿瘤、颅底一般肿瘤或肉瘤等。某些特异性传染病，如麻风性面神经炎也属于此类。

（3）反复发生型（复发性）。此型反复发生。多发性硬化、脊髓痨、

Melkersson—Rosenthal 综合征都常见反复发生。其中以 Melkersson-Rosenthal 综合征最为典型。

（4）双侧性周围性。双侧面神经均发生周围性麻痹，属于此类的包括双侧特发性面神经炎，格林—巴利综合征、麻风、双侧中耳炎（猩红热的并发症常见）、梅毒、脊髓前角灰质炎、病毒性脑炎、进行性延髓性麻痹以及重症肌无力等。

（5）先天性。此型多在出生后即发生，多为遗传发育性疾患，见于面神经核发育不全、岩骨发育畸形等。

引起周围性面神经麻痹的疾病

面神经受损可为单独受损，或与其他颅神经及神经结构同时受损。一般而论，凡是面神经受损，几乎总是核下周围性面神经麻痹，最常见的是面神经炎，其次为耳源性、外伤性、耳部带状疱疹所致的面神经麻痹。脊髓灰质炎（核性）偶可单独侵害面神经。

什么是面肌抽搐

面肌抽搐又称半侧颜面痉挛或面肌痉挛，为阵发性半侧面肌的不自主抽搐，通常抽搐仅限于一侧面部，无神经系统其他阳性体征。

发病原因不明，因此，亦称为原发性面肌抽搐。有人推测，面肌抽搐的异常神经冲动，可能是面神经通路上某些部位受到病理性刺激的结果，唯目前尚难查明其确切的原因。其中，部分患者可能是由于椎—基底动脉系统的动脉硬化性扩张或动脉瘤压迫，面神经炎后脱髓鞘变性以及桥小脑角肿瘤、炎症所致。

为何中枢性面瘫常伴有咬肌、舌和指的部分麻痹

中枢性面瘫，常常不是单纯的面肌麻痹，同时，咬肌、舌和指部分也可发生麻痹，这是因为，面肌与咬肌等中枢，在中央前回的运动皮质上位置接近，容易同时受损之故。在面瘫侧，咀嚼肌紧张低下；而健侧咀嚼肌紧张度还正常，造成下颌偏向健侧。但翼外肌麻痹时，张嘴下颌偏向患侧，额肌与咽下肌受双侧支配，故不麻痹，而咀嚼肌虽受双侧皮质支配，但主要受对侧支配，故表现部分麻痹。

引起中枢性面瘫的常见病因

面神经核上性通路任何部位受损都可以引起中枢性面瘫，最常见的受损处是内囊。可能的病因是：颈内动脉系统闭塞，尤以大脑中动脉主干及分支闭塞更为多见，也可因血管瘤或高血压性血管病变所致颅内出血以及颅内肿瘤所致。

何谓情感性面瘫

情感性面神经麻痹主要表现：在笑或哭等情感运动时，显示有面肌麻痹；而随意运动时，面肌仍能收缩，此种情感性面神经麻痹也属于中枢性面神经麻痹，系由于锥体外系的基底节、丘脑或丘脑下部损害所引起。

引起面神经麻痹的病因

面神经麻痹只是一种症状或体征，必须仔细寻找病因，如果能找出病因并及时进行处理，如重症肌无力、结节病、肿瘤或颞骨感染，可以改变原发病及面瘫的进程。面神经麻痹又可能是一些危及生命的神经科疾患的早期症状，如脊髓灰质炎或 Guillian-Barre 综合征，如能早期诊断，可以挽救生命。

目前对贝尔麻痹是怎样认识的

贝尔麻痹是茎乳孔内急性非化脓性面神经炎引起的周围性面神经麻痹。

国内亦称面神经炎，其确切的病因尚未明确。一部分患者因局部受风吹或着凉而起病，故通常认为：可能是局部营养神经的血管因受风寒而发生痉挛，导致该神经组织缺血、水肿、受压迫而致病；或因风湿性面神经炎，茎乳突孔内的骨膜炎产生面神经肿胀、受压，血循环障碍而致神经麻痹。少数患者同时并发急性鼻咽炎。面神经出脑以后，经过骨中狭长的骨性管腔—面神经管，最后，由茎乳突孔出颅腔，分布至面部表情肌。因此，无论是缺血或炎症所引起的局部神经组织水肿，都必然由此种局部解剖关系使神经受到更为严重的压迫，促使神经功能发生障碍而出现面肌瘫痪。

病理变化早期主要为面神经水肿，髓鞘或轴突有不同程度的变性，以在茎乳突孔和面神经管内的部分尤为显著，部分患者乳突和面神经管的骨细胞也有变性。Tarerner 对贝尔麻痹诊断标准是：一侧面部表情肌全部或部分麻痹；突然发病；无中枢神经系统的症状及体征；无耳或后颅凹的症状及体征。但 Adour 根据 2000 例的观察，认为贝尔麻痹也影响其他颅神经。因此，他认为：贝尔麻痹是急性良性多发性颅神经炎，运动神经失去功能可能是神经炎症或脱髓鞘，而非缺血性压迫。据文献报告，本病除面神经损害外，用精确的检查方法如诱发电位、眼震电图等，确实有其他的神经损害被发现。所以，贝尔麻痹的含义近年来有所修正。

鼓膜冷空气暴露能诱发急性面瘫吗

贝尔面瘫是人类最常见的神经麻痹之一，但其病因仍不清楚。Sugita 等用单纯疱疹病毒作耳廓接种，成功地在小鼠动物模型上诱发暂时性面瘫，因此，病毒原性学说是目前广泛接受的学说。Kumoi 等选择性栓塞供应猫面神经的血管，亦成功地诱发了面神经麻痹。Leibowitz 等发现在寒冷条件下面瘫较易发生，推测鼓膜受冷空气刺激可能引起供应面神经鼓室段的血管痉挛，导致面神经缺血、水肿、受压、变性，发生持续性面瘫，但该假说缺乏直接的实验证据。

急性贝尔面瘫能出现中枢神经系统受累吗

目前，对贝尔面瘫病损的部位仍有争议。也有人认为是面神经颞骨段水肿。也有研究发现，贝尔面瘫的脑脊液中，髓磷脂变性产物增多，听觉脑干反应异常。提示中枢神经系统（CNS）受累及有些贝尔面瘫是多灶性疾患。

贝尔面瘫时间过程怎样

贝尔面瘫时间过程可以被划成3个阶段：临床前期、临床期和临床后期，更可靠的预后判断，并非基于神经电图的最低值，而与期变化过程有关。

蜱能致面瘫吗

英国研究者 Indudhamn 曾报道一例因耳内蜱而致面瘫的病例。故在诊断面瘫的同时应考虑蜱原性的可能，尤其是蜱易大量滋生的疫区。

中耳炎能引起面神经麻痹吗

中耳炎引起的面神经麻痹占 5%。急性中耳炎引起者约为 1%，多见于儿童。在急性中耳炎早期，多因炎症延伸到神经周围腔隙或神经本身，亦可能通过面神经管的先天性裂缺，绝大多数预后良好，而在晚期则为破坏骨管使面神经受压，需要行乳突手术。慢性中耳炎发生面神经麻痹者约为 5%。多因胆脂瘤或腐骨压迫损伤面神经，或已暴露的面神经因炎症急性发作的侵袭引起麻痹。这类患者在麻痹前多有长期耳溢历史。胆脂瘤病例常同时合并水平半规管瘘孔。慢性中耳炎患者出现面神经麻痹，应立即手术。

面神经炎与家族性有关吗

面神经炎较常见，但家族性面神经炎较为罕见。在贝尔麻痹患者中，家族性发生率报告不一，分别为 2.4%、6%、28.6%。国内报道一家系 6 例罹患本病。

有人提出：面神经炎为遗传性疾病，并认为属常染色体显性遗传。本家系中先证者发病前有受凉史，家族史阳性，有吸烟、饮酒嗜好，免疫球蛋白 IgG 增高。推测本病并非由单一病因所致，很可能是在遗传因素、免疫功能异常等内在缺陷的基础上，由受风寒、感染、吸烟、饮酒等外在因素触发而致病。为预防本病，寻找有效的治疗方法，今后仍需进行多方面病因学的深入研究。

引起面神经麻痹的肿瘤

（1）约5％的面神经麻痹因肿瘤引起，如颈静脉球体瘤、面神经鞘瘤、外耳及中耳癌、颞骨的 Hand-Schuller-Christian 病，或其他少见的中、外耳肿瘤。

（2）偶尔面神经麻痹是由颞骨转移癌引起，如乳癌、结肠癌，但如果原发癌未被发现或 X 线检查患侧颞骨无改变，则诊断很困难。如中耳腔可疑有积液，应吸出做癌细胞检查。对缓慢逐渐进展的面神经麻痹应做详细的全身检查，以除外恶性疾病。

（3）面神经鞘瘤和脑膜瘤可发生在其行程的任何部位，为良性肿瘤。可在数年内仅表现为传导阻滞。对缓慢发生、逐渐进展、复发性及时隐时现的面神经麻痹，应想到这种少见的情况。

（4）X 线检查及 CT 扫描可助诊断。

颈静脉球瘤能引发面瘫吗

颈静脉球是位于颈静脉顶端外膜上的一层特殊组织,由上皮样细胞及较多血管所组成,多数为较粗的毛细血管。其神经分布很丰富,主要来自舌咽神经的鼓室支。它的血供来自颈外动脉的分支咽升动脉。颈静脉球瘤就是起源于这一群细胞的肿瘤,它主要发生于耳蜗内,但有时也可见于颈静脉孔附近,甚至广泛侵入颅内。

临床表现如下。

(1)中耳型主要表现为耳鸣、传导性耳聋、耳道出血,有时也可有患侧面肌减弱等症状。

(2)颅内型(或颈静脉孔型)肿瘤位于颈静脉孔处并广泛向颅内入侵。主要表现为:患侧的Ⅶ~Ⅻ多颅神经麻痹的症状,有呃逆、发音困难、患侧肢体共济失调及颅内压增高的症状,很像晚期的桥小脑角肿瘤。

(3)混合型其主要表现为上述两型的复合血管造影,有助于了解肿瘤的主要血供,必须采用减法摄影,造影可先选择颈外动脉、颈内动脉和椎动脉。有报道颈静脉球瘤行动脉造影栓塞后出现面瘫者,治疗以手术切除为主。

良性腮腺肿瘤能致面瘫吗

腮腺肿瘤所致面瘫，一般认为多由恶性肿瘤引起。面神经功能障碍常作为可靠的诊断腮腺恶性肿瘤的临床依据。国外报告 2 例却因良性混合肿瘤而引起面瘫，患者均有 8 年前腮腺多形性腺瘤手术切除史。近半年来，出现程度不同的面瘫症状。腮腺区未扪及肿块，开始拟诊为贝尔面瘫，经 CT、MRI 检查发现为复发瘤。术中每例均见肿瘤经茎乳孔区包围面神经，将肿瘤连同有关面神经切除，分别用腓神经与耳大神经移植。病理证实为腺瘤复发，无恶性变化。随访 0.5 ~ 1 年，面神经功能逐渐恢复。

诊断贝尔麻痹，需仔细排除其他可造成面瘫的病因。对缓慢进行的面瘫超过 3 周，经保守治疗 6 个月无好转及存在面部运动功能亢进时均提示需排除肿瘤。

儿童面瘫常见病因

以外伤、贝尔氏瘫及中耳乳突炎为较普遍的原因，其中尤以外伤为最突出。此外，也有少数为先天性畸形及源于恶性疾患者。急性白血病所引起的外周性面瘫都伴有白血病性脑膜炎，并通过治疗白血病而获得控制。

何谓特发性双侧面神经麻痹

根据左、右两侧面神经麻痹发生间隔的时间，将双侧面神经麻痹分为同时性和交替性两种。有人认为，间隔一周以内，而也有人认为间隔两周以内者，为同时性双侧面神经麻痹。

特发性面神经麻痹双侧同时发生时较少。其发病原因尚不清楚，有以下学说。

（1）常染色体显性遗传，但目前已有报道中未发现双侧面神经麻痹有家族史。

（2）由于面神经管内血液循环障碍所致。

（3）与病毒感染有关。

（4）与免疫功能异常有关。

治疗一般用激素和维生素 B 族，辅以超短波治疗。

什么是膝状神经节带状疱疹

膝状神经节带状疱疹综合征，又称耳带状疱疹、Hunt 氏综合征或膝状神经痛，首先由 Ramsay Hunt 二氏于 1907 年提出。本症由于带状疱疹病毒从耳部经过皮肤侵入至膝状神经节、面神经主干，发生炎症性、出血性病变。因为面神经与位听神经都在狭窄的内耳道内相邻，又为同一神经鞘覆盖，故易并发听觉、平衡觉障碍。

什么是面半侧萎缩

面半侧萎缩也称 Romberg 氏病，系一进行性以正中线为界的面部半侧皮肤、皮下组织和骨组织的萎缩。有的患者在生后第一年内就出现症状，也有在 30 岁以后起病者。有的患者萎缩始于面上部，即在前额正中线的一侧，出现一条纵行或一纵一斜的浅沟，宽 1～3cm。表面的皮肤萎缩，有色素沉着，皮肤发亮，汗毛脱失。浅沟向下延伸到眉部，因而眉毛稀疏；浅沟向上延伸到发际内数厘米。受累处的颅骨内凹，表面皮肤萎缩，头发脱失。有的患者萎缩始于面下部，从正中线开始累及一侧的上下唇。受累的嘴唇变薄，累及下颏时，从正中线开始一侧凹陷。下颌骨皮肤萎缩，色素沉着，胡须稀疏。有的患者一开始就累及一侧面的下上部。少数患者萎缩侧合并舌肌萎缩，但无纤维性震颤。有的合并同侧的视神经萎缩，有的合并半身萎缩，有的萎缩波及同侧的后头部和颈部，少数也可波及对侧。有报道一例萎缩侧动眼神经瘫痪。面半侧萎缩患者，可合并其他先天发育异常或其他异常。

什么是交叉偏侧萎缩

交叉偏侧萎缩在临床上极其罕见。本病属面偏侧萎缩的一个亚型，如面偏侧萎缩累及同侧躯体萎缩全身偏侧萎缩，合并对侧躯体萎缩则称交叉偏侧萎缩，前者比较少见，后者更罕见。本病发病机制和面偏侧萎缩一样尚不明了。目前认为：本病的发生与交感神经功能紊乱，导致血管运动与营养功能障碍有关；也有人设想与面部、颅脑或颈部外伤感染，三叉神经病变，胎儿期损伤或内分泌功能失调有关。临床表现为：多在面部眶上部或颧部出现萎缩，病变缓慢地发展至半个面部，偶尔波及头盖部、颈部、对侧躯体，病区皮肤萎缩、皱折，常伴脱发、色素沉着、白癜、毛细血管扩张、汗腺分泌增加或减少，颧骨额骨等下陷，与健区皮肤界限分明，部分患者可出现瞳孔变化、虹膜色素减少、Horner 征，少数有癫痫及内分泌障碍。也有患者尚伴有偏侧乳房萎缩。

面肌痉挛的病因

面肌痉挛为阵发性半侧面肌的不自主抽动，通常情况下，仅限于一侧面部，因而又称半面痉挛，偶可见于两侧。开始多起于眼轮匝肌，逐渐向面颊乃至整个半侧面部发展，逆向发展的较少见。可因疲劳、紧张而加剧，尤以讲话、微笑时明显，严重时可呈痉挛状态。多在中年起病，最小的发病年龄报道为两岁。以往认为女性好发，近几年统计表明，发病与性别无关。面肌痉挛发展到最后，少数病例可出现轻度的面瘫。

（1）血管因素。在导致面肌痉挛的血管因素中以小脑前下动脉及小脑后下动脉为主，而小脑上动脉次之。

（2）非血管因素。脑桥小脑角的非血管占位性病变，如肉芽肿、肿瘤和囊肿等因素亦可产生面肌痉挛。

（3）其他因素。面神经的出脑干区存在压迫因素是面肌痉挛产生的主要原因，且大多数学者在进行脑桥小脑角手术时观察到：面神经出脑干区以外区域存在血管压迫并不产生面肌痉挛。

📋 什么是面瘫"倒错"

面瘫"倒错"现象，一般发生于面瘫后期，病症延久者，其瘫痪侧面肌跳动，自觉发紧，或瘫痪肌痉挛，口角歪向病侧，此即为"倒错"。中医辨证，此属病久，肝血亏损，筋脉失养。

📋 什么是面瘫"联动症"

面瘫后出现"联动症"和面瘫后出现面肌痉挛一样，均是面瘫后遗症之一。"联动症"是当患者瞬目时即发生病侧上唇轻微颤动，示齿时，病侧眼睑不自主闭合，或试图闭目时病侧额肌收缩；更有在进食咀嚼时有病侧眼流泪（鳄鱼泪征），或颞部皮肤潮红，局部发热，汗液分泌等现象（耳颞征）。

联动的出现，可能是由于病损后，神经纤维的再生时长入邻近的属于其他功能的神经鞘细胞通路中造成的。

联动症的预防，应从急性期的治疗入手，消炎要及时，针灸手法禁忌过重过强（应用电针要注意波型和强度）。

第 2 章

发病信号

疾病总会露马脚，练就慧眼早明了

中枢性面瘫有什么体征

中枢性面神经麻痹于颜面上部的肌肉并不出现瘫痪，因之闭眼、扬眉、皱眉均正常。面额纹与对侧深度相等，眉毛高度与睑裂大小均与对侧无异。中枢性面神经麻痹时，面下部肌肉出现瘫痪，即颊肌、口开大肌、口轮匝肌等麻痹，故患者于静止位时该侧鼻唇沟变浅，口角下垂，示齿动作时口角歪向健侧。

中枢性面神经麻痹时，颜面不对称并不明显，移行于面肌痉挛者极为罕见。中枢性面瘫往往伴有偏瘫之其他体征，如腱反射异常、Babinski 氏征等。

周围性面瘫早期有什么临床表现

近年，国内学者对周围性面瘫患者进行早期详细体检，证明其临床表现与预后密切相关。

临床检查方法如下。

（1）睑裂。嘱患者双眼自然闭合，测得瘫痪侧睑裂的最大距离（mm）。

（2）味觉。用棉签蘸 50% 盐水分别测患侧及健侧舌前 2/3 味觉。

若患侧咸味不明显，为味觉减退。

（3）听觉。给患者戴上听诊器，然后敲响512Hz音叉置于听诊器头部，若患侧耳感觉声音较健侧明显增大或刺痛，为听觉过敏。

（4）泪液。患者自觉患侧眼泪减少或干涩者，用Schirmer滤纸法检查，嘱患者轻闭双眼，5分钟后患侧滤纸潮湿＜5mm，为泪液减少。

面瘫定位诊断方法：根据面瘫合并味觉减退、听觉过敏、泪液减少、耳部疱疹及眩晕等表现，将面神经损害部位分为：仅有面瘫而无上述表现者，为面神经鼓索以下段（简称A段）；面瘫伴味觉减退者，为面神经鼓索与镫骨肌神经之间段（B段）；伴听觉过敏者，为镫骨肌神经与岩浅大神经之间段（C段）；伴泪液减少或耳部疱疹或眩晕；为岩浅大神经及以上段（D段）。

🧑‍⚕️ 周围性面瘫的一般症状

周围性面神经麻痹时，引起病灶同侧全部颜面肌肉瘫痪，也就是说，上下部面肌都发生瘫痪，由于眼轮匝肌麻痹，故眼睑不能充分闭合。闭眼的同时眼球上窜，在角膜下缘露出巩膜带（贝尔氏征）。患者闭嘴时，颊肌极为松弛，故口角下垂，船帆征阳性。抬眉受限，额纹变浅或消失，眉毛较健侧低，睑裂变大，内眼角不尖，眼泪有时外溢。示齿或笑时，口角向健侧牵引，口呈斜卵圆形。健侧颈阔肌能收缩，而周围性面神经麻痹侧颈阔肌不能收缩。说话时，发唇音不清楚。由于颊肌的麻痹，食物潴留于颊肌与牙龈之间，以致患者必须用筷子将食物掏出。乳儿发生面神经麻痹时，吸吮受限。

双侧周围性面神经麻痹时，面部无表情，双侧额纹消失，双眼不能闭严，贝尔氏征阳性。双侧鼻唇沟变浅，口唇不能闭严，口角漏水，进食时，腮内存留食物，言语略含混不清。

轻度面神经麻痹的体征

中枢性或周围性面神经麻痹明显时，诊断并不困难，但有时并非典型，尤其是起病慢、呈潜行性缓渐性者，如不仔细检查，容易贻误诊断。因而，轻度面神经麻痹症的识别与早期发现是极为重要的，一般常用的检查法有下列诸项。

（1）睫毛征。嘱患者强力闭眼，正常人在强力闭眼时，睫毛多埋在上下眼睑之中；当面神经麻痹时，则睫毛外露。特别在轻度麻痹的情况下，用力闭双眼，开始时睫毛不对称现象并不明显，但经过很短时间之后，轻度麻痹侧的睫毛即慢慢显露出来，称为睫毛征阳性。

（2）眼睑震颤现象。强力闭双眼，检查者用力扳其闭合的上睑，此时感到一侧上睑有微细的肌肉挛缩性颤动现象，另一侧则没有。这种现象存在，说明有轻度面神经麻痹，周围性面神经麻痹多见。

（3）瞬目运动。可见，双侧瞬目运动不对称，此种现象意义较大。如嘱作瞬目运动时，轻度麻痹侧，瞬目运动缓慢且不完全。

（4）斜卵圆口征。嘱患者大张口。轻度面神经麻痹时，患侧口角下垂呈斜的卵圆形口。此与三叉神经运动支麻痹的斜卵圆形口之不同点，在于无下颌偏斜。中枢性面神经麻痹时，此现象轻。

周围性面神经麻痹主要的体征

（1）贝尔氏征。此征是周围性面神经麻痹重要体征。闭眼时，麻痹侧眼球上窜（或内转），于角膜下方露出巩膜。此种现象系为一种协调运动，本质属于一种生理现象；而当面神经麻痹时，此种现象容易观察发现，正常人闭眼时，如扳翻其上睑，也可以见到贝尔氏现象。

（2）眼球征。麻痹侧的眼球与健侧不在同一水平，较健侧上移，瞳孔水平也比健侧高，这种征象称为眼球征。

（3）颈阔肌征，中枢性与周围性面神经麻痹都有此征。嘱患者头用力前屈，检查者在患者额部加以阻抗，此时，健侧颈阔肌收缩，麻痹侧不收缩。

（4）舌的偏斜。多属错觉，与口唇位置不正有关，人为地将口角矫正之后，舌就无偏斜现象。但个别病例可见到舌的偏斜。如果有此种现象时，舌总是向健侧偏，与中枢性面神经麻痹伴有舌的偏斜恰好方向相反。周围性面神经麻痹产生的舌的偏斜的解释是：受面神经支配的茎突舌肌和腭舌肌麻痹所致。

（5）听觉过敏。周围性面神经麻痹时偶见，产生听觉过敏（过听）的机制是：保持鼓膜紧张的鼓膜张肌受三叉神经分支的翼内神经所支配，镫骨肌受面神经所支配，此两肌呈拮抗关系保持平衡。面神经麻痹时，镫骨肌发生麻痹，因而，鼓膜张肌相对紧张，鼓膜张力高，微小声音产生强的震动，产生过听现象，见于面神经在镫骨肌分支以上的病变。

（6）反射。麻痹侧眼轮匝肌反射、口轮匝肌反射、恐吓瞬目反射、视反射低下。

（7）味觉障碍。在周围性面神经麻痹时，面部与黏膜的一般感觉是正常的，而在麻痹侧舌前2/3味觉出现障碍；多数表现味觉减低，但也有时有味觉倒错。在鼓索分支以上病变有味觉障碍。有时，在周围性面神经麻痹时，耳廓周围有轻度感觉障碍。

据观察，尚可有患侧角膜温度觉低下而触觉正常。

（8）泪腺分泌障碍。Wrisberg 中间神经自面神经膝状神经节分出，经由岩浅大神经、翼管神经、翼腭神经、上颌神经的眼支至泪腺，此种神经麻痹泪腺分泌减少至消失。可见于膝神经节以上病变。

（9）唾液分泌障碍。麻痹侧唾液分泌减少，因为面神经分出的鼓索神经支配颌下腺与舌下腺，于此分支以下病变时可有唾液分泌减少，但临床上不容易被重视。

周围性面神经麻痹的定位试验

（1）泪腺分泌试验

① Shirmer 氏滤纸试验。用 0.5cm × 3cm 滤纸，在无麻醉下，放两侧下睑穹窿中部，不用任何物质刺激，观察 5 分钟内滤纸浸湿泪液的长度。如两侧流泪量相差 30% ~ 50%，或两侧流量长度相加不超过 2.5cm 者为异常。提示膝状节以上有损伤。值得注意的是，膝状节病变时，69% 可发生对称性双侧泪分泌减少，应参考其他检查而定。

② 棉线流泪试验。用全棉棉线长 10cm，24 小时内用 70% 酒精

加 70%乙醚脱脂干燥，用 10%氢化荧光素液涂染棉线的一端 3cm 长，置于一侧上睑外侧、泪腺下方，插入后闭目放置 60 秒钟，睁眼取出棉线，并即刻测量浸湿的氢化荧光素染色长度。泪腺流量正常范围为 60%～140%，功能低下型即 60%以下，功能亢进型即 140%以上。此方法的优点是：微量泪液即能测知，比 Shirmer 氏法更精确。Shirmer 法下睑部放滤纸时，如面瘫合并泪管肌麻痹，则不能显示泪腺的本来功能；而用棉线放置于上睑外侧、泪腺下方，则能测定泪腺分泌功能。用棉线流泪试验时，应注意避免眼球活动，以免刺激角膜而引起流泪，要尽可能将棉线插入上睑外侧下缘，插入后轻轻闭目，勿转动眼球，左右差异大者，必须复查。

（2）镫骨肌反射

用声导抗仪测试，正常时，镫骨肌反射阳性，镫骨肌神经支处近端损伤时则为阴性。如患侧为传导性聋，或健侧为感音神经性聋时，均引不出反射。即使神经退变达 90%以上时，仍有 20%镫骨肌反射阳性，故此，试验不如泪腺分泌试验价值大，仅可作为临床参考。

听—面反射弧输入神经为听神经，输出神经为面神经，对侧刺激及同侧刺激的反射阈，可通过所获得的四项检查结果说明反射弧受损的部位。面神经麻痹时，镫骨肌反射阈的确定，也有助于神经损害的定位，甚至能够判明核间的损害，还可得到某些预后性的推论。

（3）味觉试验

用酸、甜、咸味液测试舌前 2/3 味觉，最好用电味觉计，比较两侧阈值，正常味阈为 50 ~ 100μA，如患侧比健侧增大 50％以上即为异常，提示病变在鼓索神经分支以上。因神经退变达 90％以上时，仍有 30％测试正常，故诊断价值不甚可靠。

（4）颌下腺流量试验

方法一：用粗细适度的塑料小管插入口底两侧颌下腺导管口内，嘱患者口含柠檬，然后，计数 1 分钟内两侧导管流出涎液滴数。两侧对比，如患侧分泌减少 25％时即示异常，说明鼓索神经支以上有损伤。本试验比较麻烦，多被泪腺分泌试验所代替。

方法二：在双侧颌下腺导管内各插入一聚乙烯管，另一端接上一计滴器。记录唾液排出量分别在：安静期 5 分钟；在舌前正中滴 1％柠檬酸液每 30 秒钟 3 ~ 4 滴，刺激 5 分钟；再用 6％柠檬酸液每 15 秒钟 3 ~ 4 滴刺激 2 分钟。每期间隔 5 分钟。麻痹侧与健侧颌下腺分泌反应的关系，以商数 q 表示：q ＝麻痹侧滴数／健侧滴数。

周围性面神经麻痹后遗症状

（1）面肌纤维性痉挛

患侧出现小而快速的、部位不恒定的肌肉搐搦性收缩，常伴有瞬目运动增多。

（2）面肌痉挛特点

①面肌痉挛是一种无痛性、有规则的阵挛性面部肌肉的抽动，通常先开始于眼轮匝肌收缩，抽动常局限于眼睑或口角，严重时可扩展至整个半侧脸部，包括颈阔肌。

②常为一侧性，左侧较右侧多见，很少两侧同时发生。

③面肌痉挛可以是自发的，或产生在随意运动以后，亦可因某种面肌运动如说话、吃饭、谈笑而诱发或加重。当精神紧张、阅读时间过长、过度疲劳或睡眠不足时症状加重，抽搐频繁。而休息或情绪稳定时症状减轻或消失，睡眠时抽搐停止。

④每次痉挛持续数秒钟至数分钟，间歇后可相继发作，发作时神志清楚。

⑤面肌痉挛多见于中年或老年人，很少发生于儿童，女性较男性为多。

⑥肌电图检查时，受损肌肉显示有高频率的节律性运动单位放电（每分钟50～100次）。

（3）面肌联合运动

长期的面神经核下性瘫痪，瘫痪侧因面肌张力增强而眼睑裂变窄、口角上抬、鼻唇沟深，乃形成对侧面肌的假性面神经麻痹，但在笑时，仍能露出面神经麻痹侧的本来面目。未完全恢复的面神经麻痹，除对侧出现假性面神经麻痹外，瘫痪侧可出现异常的联合运动。表现在，当口轮匝肌运动时（张口、示齿、鼓腮、吸吮等），其眼轮匝肌也收缩（睑裂变小）。反之，当眼轮匝肌收缩时（闭眼），其口轮匝肌也收缩（口角牵拉）。

这种现象的发生机制被认为是面神经再生时轴索迷路。另一种说法是，面神经髓鞘恢复不良，当面神经兴奋性刺激，邻近的神经纤维也发生兴奋现象。

（4）鳄鱼泪症候群

患者进食时流泪，此现象多出现在面部神经麻痹后数周或数月。

面肌抽搐的临床表现

原发性面肌抽搐患者多数在中年以后起病，女性较多。病起时，多为眼轮匝肌间歇性抽搐，逐渐缓慢地扩散至一侧面部的其他面肌。口角肌肉的抽搐最易被人们注意，严重者甚至可累及同侧的颈阔肌。抽搐的程度轻重不等，可因疲倦、精神紧张、自主运动而加剧，但不能自行模仿或控制。入睡后抽搐停止。两侧面肌均有抽搐者甚少见。若有，往往是一侧先于另一侧受累。少数患者，于抽搐时伴有面部轻度疼痛，个别病例可伴有头痛，病侧耳鸣。神经系统检查，除面部肌肉阵发性的抽搐外，无其他阳性体征发现。少数病例于病程晚期可伴有患侧面肌轻度瘫痪。本病为缓慢进展的疾患，一般均不会自然好转，如不给予治疗，部分病例于病程晚期患侧面肌麻痹，抽搐停止。

周围性面神经麻痹如不恢复或不完全恢复时，可产生面肌痉挛，是面神经麻痹的后遗症。面肌痉挛表现为，病侧面肌发生不自主的抽动。根据有面神经麻痹的病史，可与原发性面肌抽搐鉴别。

不同病位面神经核上瘫各有什么特点

一侧上运动元面肌麻痹的特点是：病灶对侧面部口角周围肌肉麻痹，一侧锥体束纤维病变时，对侧面肌下 1/2 ~ 2/3 的随意运动消失，但情感运动，如自发性笑、哭或其他情感表现时的不随意收缩仍存在。

支配面肌的中央前回小部分皮质受损，可引起单纯核上瘫痪，并可伴有面肌的 Jackson 发作。由于面神经与锥体外系的联系未受破坏，尽管有面神经核上性瘫痪，面肌仍可有不自主运动（阵挛性抽搐或张力性面肌痉挛）。

病变位于大脑半球，而未累及丘脑到面神经核的纤维，则核上性面神经瘫痪患者，于欢笑时并不表现瘫痪，但同时也累及丘脑的面神经核上性瘫痪，在欢笑时也表现出瘫痪。

丘脑病变时，随意运动可以保留，但对侧"下意识"表情动作丧失。

苍白球至面肌的神经作用中断时，面肌僵硬呆板，称为震颤麻痹的假面具，但在这种"冻僵"了的面肌上，还是发现一些由随意性和情感性冲动引起的肌肉收缩。

上运动元（锥体束、丘脑、苍白球）面神经麻痹，均不发生肌萎缩，没有肌束震颤，没有电变性反应。而且，各自伴有锥体束、丘脑、基底节的其他症状。故实际上并不难辨认。

面瘫时为何常患有舌的偏斜

中枢性面瘫时，舌往往是向患侧（面瘫侧）偏斜，这是因为，由中央前回下部的锥体细胞的轴突集合而成的皮质核束，下行经内囊膝部至大脑脚底中 3/5 的内侧部，由此向下，陆续分出纤维，大部分终止于双侧脑神经运动核（动眼神经核、滑车神经核、展神经核、三叉神经运动核、面神经运动核支配面上部肌的细胞群、疑核和副神经脊髓核），支配眼外肌、咀嚼肌、面上部表情肌、胸锁乳突肌、斜方肌和咽喉肌。小部分纤维完全交叉到对侧，终止于面神经运动核支配面下部肌的细胞群和舌下神经核,支配面下部表情肌和舌肌。因此,除支配面下部肌的面神经核和舌下神经核为单侧(对侧)支配外,其他脑神经运动核均接受双侧皮质核束的纤维。一侧上运动神经元受损,可产生对侧眼裂以下的面肌和对侧舌肌瘫痪,表现为病灶对侧鼻唇沟消失,口角低垂并向病灶侧偏斜,流涎,不能做鼓腮、露齿等动作,伸舌时舌尖偏向病灶对侧。

一侧周围性面神经麻痹时,可致病灶侧所有面肌瘫痪,表现为额横纹消失,眼不能闭,口角下垂,鼻唇沟消失等。一侧舌下神经下运动神经元受损,可致病灶侧全部舌肌瘫痪,表现为伸舌时舌尖偏向病灶侧。周围性面神经麻痹个别病例可以见到舌的偏斜,此时,舌总是向健侧偏斜。这是由于受面神经支配的茎突舌肌和腭舌肌麻痹所致。

额叶病变时出现中枢性面瘫有什么特点

额叶约占整个人类大脑皮质的1/3,位于大脑的前部。其所包括的范围是由额极到中央沟,并以外侧裂的本干和后支为下界。额叶外侧面上有4个主要的脑回:垂直的中央前回、后回、额中回和额下回。在功能上,中央前回又分为3个主要部分:运动区、运动前

40

区和前额区。中央前回是皮质脊髓束和皮质桥延束的发源地。当运动区病变时可以出现中枢性面瘫。

（1）麻痹征候。根据病变的部位不同，临床常见有7种麻痹性症候，即上肢单瘫、下肢单瘫、皮质性偏瘫、颜面与上肢瘫、中枢性面瘫、旁中央小叶性截瘫（皮质性截瘫）及旁中央小叶性三肢瘫。

①面肌与上肢瘫见于中央前回被外侧下部的病变，表现病变对侧上肢与颜面下部肌肉麻痹，很少出现下肢瘫，常常有伸舌向面肌与上肢瘫痪侧偏斜。此症常见于 He-ubner 氏回返动脉闭塞。

②中枢性面瘫见于中央前回的下部、岛盖部、额极、额叶底面或颞极的病变，如果病变在优势半球上，常常伴有失语。

（2）中央前回病变时，反射异常病变对侧常常出现 Babinski 氏征。深层反射亢进（急性期反射低下或消失），浅层反射减低或消失，往往伴有踝阵挛、膑阵挛与腕阵挛。

（3）中央前回病变时的发作症候，癫痫发作为中央前回具有代表性的症候，多出现局限性癫痫，一般发生于病灶的对侧。

出现额叶病变的病因有：外伤、脑肿瘤和脑血管疾患。当额升动脉闭塞时于病灶对侧出现偏瘫，面肌瘫与上肢瘫明显，同时伴有瘫痪侧的皮质感觉障碍，如果病变发生在优势半球时，还有感觉性失语。当豆纹动脉闭塞时，病灶对侧出现三偏征，并且面肌与上下肢瘫痪程度相等，若病变在优势半球，尚有失语。

内囊病变出现面瘫的特点

内囊是位于尾状核、豆状核和丘脑之间的白质区域，可分为3个基本部分：前肢、后肢和膝部。在内囊通过的传导束主要有皮质脑干束、皮层脊髓束、丘脑皮层束、视觉径路、听觉传导径、额、脑桥束、枕颞脑桥束和大脑皮层到丘脑的传导束。

内囊发生病变的特点是：半身性障碍。病变破坏了内囊的全部时，可出现"三偏"综合征，即病变对侧半身有偏瘫，偏身感觉障碍和双眼对侧视野偏盲。

（1）偏瘫。内囊病变时出现的半身偏瘫为上运动神经元瘫痪。一般，上下肢肌力减退的程度相等。同时，出现中枢性面瘫，其特点是：下部颜面肌肉的上运动神经元轻瘫，同时伴有舌的上运动神经元轻瘫。

（2）偏身感觉缺失。虽然是半身型，但以肢体远端最为明显。由于病灶已在丘脑之上，一般仅有某几种感觉缺失。如病灶累及丘脑，在给予较重的刺激时，可引起放散性的、部位不明确的、很不舒适的感觉，并且有后作用，这称之为感觉过度。

（3）偏盲。由于视放射受损而起。是单侧性的。为双眼病灶对侧视野缺失。

内囊病变时，听觉纤维也会受到损伤，但患者一般并无听觉障碍。

内囊所占部位并不大，但也可以不全部被破坏，尤其在血管性疾病时。因为它受到几个小血管的供应，一支小动脉阻塞也可以只引起内囊的一个部位病变。

丘脑症候群中面肌瘫痪有什么特点

丘脑症候群，又叫 Dejerine-Roussy 症候群。病因主要是丘脑膝状动脉发生闭塞，病变部位在丘脑外侧核的后半部，其症候特点如下。

（1）对侧肢体运动障碍。发病时，出现转瞬即逝的对侧肢体偏瘫；对侧肢体的不随意运动，或舞蹈样，或手足徐动，其程度均轻。

（2）面肌瘫痪的特点是：对侧面部表情运动障碍。由于丘脑至皮质下基底神经节核团反射径路受累中断，造成病灶对侧面部分离性运动障碍，即当患者大哭大笑、情绪激动时，病灶对侧面部表情丧失，呈现面肌瘫痪征，但如果同时令患者作病灶对侧的上下肢运动，并无瘫痪表现。

（3）对侧半身感觉障碍。

（4）对侧半身自发性剧痛。

（5）对侧半身感觉过敏或感觉过度。

（6）丘脑性疼痛伴有自主性神经功能障碍。

颞叶病变时出现中枢性面瘫吗

颞叶分新皮质、旧皮质与联络纤维三成分，颞叶新皮质与额叶、顶叶、枕叶的新皮质间有纤维相联系。颞叶病变侵犯运动区时，常出现运动症征，即对侧中枢性面瘫或上肢瘫，包括面肌在内的下肢瘫或偏瘫，对侧椎体束征。若为优势半球，可产生运动性失语，特别是颞极的病变。当优势半球颞叶后部于顶叶缘上回和移行区损害时，可出现感觉性失语。

大脑中动脉颞叶皮质支闭塞时，临床上可出现对侧三偏征，若为优势半球病变可伴有失语症或失用。

面神经的刺激症状

面神经的中枢及周围通路受刺激时，均可引起面肌不自主运动，面神经任何部分受刺激，都可引起支配肌肉的痉挛。

（1）中央前回皮质的刺激性病灶可以引起局限性癫痫发作，表现为对侧面肌的强直性或阵挛性痉挛，可以伴有或随之发生上、下肢的类似痉挛或头、眼向对侧偏斜转动。

（2）基底节或锥体外系的病变，可以引起面肌的各种运动过多或过少，见于舞蹈症、手足徐动症、肌张力不全及震颤麻痹等。

（3）面神经核或面神经本身受刺激时，可引起同侧面肌的收缩或痉挛。脑桥面神经核部位的刺激性病灶及皮质脊髓束损害（如炎症或肿瘤等所致），可引起一侧面肌痉挛及对侧偏瘫（称为 Brissand 氏综合征）。

（4）周围性面神经麻痹，如不恢复或不完全恢复时，常可引起瘫痪肌的挛缩或连带运动。挛缩表现为：病侧半面部肌肉的异常抽搐，产生病侧口角收缩，鼻唇沟加深，眼裂缩小因此容易误认健侧是病侧，但让患者作主动运动时（如露齿等），则发现挛缩侧肌肉并不收缩。常见的连带运动为，当患者眨眼时即伴发上唇颤动，也有在露齿时眼睑就不自主地闭合，试图闭目时，额肌发生收缩或同侧口角不自主上提。这种连带运动的产生，系由于面神经的某些纤维，于再生过程中误与其他神经纤维吻合生长，而导致功能的错误传导。偶有在进食时引起反射性流泪，系由于应长入涎腺的纤维错误地长入泪腺中，因而发生鳄鱼泪现象。

（5）临床上最常见的面神经刺激症状为半侧颜面痉挛，其临床特点为：阵发性不规则的半侧面部肌肉颤搐，中年后，女性较多见，开始时，多为眼轮匝肌间歇性颤搐，然后，逐渐扩展至面部其他肌肉。可因精神紧张、疲倦及自主运动而加剧，入睡时消失，但不能随意发生或停止。真性颜面痉挛，一般认为系器质性病变引起，但其病因尚不明确。有些患者系习惯性或精神因素所致。

引起面神经麻痹的体征

引起面神经损害的病因甚多，例如各种肿瘤、炎症、血管性病变、外伤、颅骨骨折等侵及面神经皮质中枢、皮质脑干束、面神经核及其通路时均可使面神经受损。引起周围性面瘫最常见的病因有面神经炎（贝尔麻痹）、桥小脑角肿瘤、脑干肿瘤及炎症等；引起中枢性面瘫最常见的病因为脑卒中及大脑半球肿瘤及脑疝。

面神经麻痹位于颞骨骨管内的部分最易遭受损伤。完全性面神经麻痹患者95%是因骨管内病变引起，其中贝尔麻痹最常见，外伤次之，另外有带状疱疹、中耳炎、肿瘤等。

第 3 章

诊断须知
确诊病症下对药，必要检查不可少

面瘫时怎样进行味觉检查

舌前 2/3 味觉由第Ⅶ对颅神经传导，舌后 1/3 味觉则由第Ⅸ对颅神经传导。检查味觉，需准备糖水、醋酸、盐水和奎宁溶液等试剂和写着"酸、甜、苦、咸"四个字的纸板，嘱患者伸出舌头并保持不动，以棉签蘸试剂后放于舌的一个部位，请患者在纸板上指出所感觉的味道的字样，或用手势表示之。检查时，患者不能说话，以免舌运动后试剂散布而影响检查结果。

味觉检查也可用弱的直流电（0.2～0.4μA）刺激舌面，此时正常人可有酸味。

年老、消耗性疾病、某些药物、厚的舌苔、吸烟过度均可使味觉减退，因此，味觉减退时，首先需摒除舌的病变。神经系统损害引起的味觉缺损多为周围性病变，中枢性病变则可产生味幻觉。

与面神经有关的头面部反射检查

在临床上，有关面神经的反射应用不多，其中比较常用的如下。

（1）眼轮匝肌反射（或称皮质面反射）

反射弧传入神经：三叉神经第二支。

中枢：脑桥和中脑的三叉神经中脑核—网状结构—脑桥面神经核。

传出神经：面神经。

方法：检查者以手指向后下方牵扯眼外眦部皮肤，并用叩诊锤叩击检查者手指，正常人出现该侧眼轮匝肌明显收缩（闭目）；同时，对侧眼轮匝肌轻度收缩。口角向同侧后上方牵引。应注意，叩击不宜太重，以免引起惊恐反应。

临床意义：周围性面瘫时减弱，中枢性面瘫后面肌痉挛时，此反射亢进，昏迷时，此反射消失。

（2）眉间反射（或称鼻睑反射）

反射弧同眼轮匝肌反射。

方法：以叩诊锤轻轻叩击两眉之间的部位，可见两眼轮匝肌收缩两眼睑闭合。

临床意义：一侧三叉神经及面神经损害均可使该侧眉间反射减低或消失。在面神经炎时，此反射消失，则提示损害比较完全，预后较差。面肌张力增高时（如 Parkinson 氏症候群），此反射亢进。

如果叩击鼻根部时也出现同样的反射，叫 Myarson 氏征，在 Parkinson 氏症候群，此反射很容易引出。

（3）口轮匝肌反射

反射弧传入神经：三叉神经第二支。

中枢：脑桥和中脑三叉神经中脑核—网状结构—面神经核。

传出神经：面神经。

方法：以叩诊锤轻叩下唇或鼻旁部，可见同侧上唇方肌及口角提肌收缩；如果叩击上唇正中（人中穴处），则见整个口轮匝肌收缩，表现为双唇紧闭并向前撅起，为阳性。

临床意义：两侧皮质脑干束病变，此反射出现，除一岁以下婴儿外，正常人均无此反射。

（4）眼面反射

反射弧传入神经：三叉神经。

中枢：脑桥。

传出神经：面神经。

方法：用手拇指按压眼眶外缘（稍挨眼球，不要用力过大）或眶上切迹，瘫痪侧没有反应，引起病灶侧眼及口轮匝肌收缩（闭眼和口角向上牵拉）。

临床意义：面神经核上瘫痪较轻者，无半身瘫痪的任何根据，为查明究竟有无面神经瘫痪，眼面反射可为一种好的检查方法，借此可查出易被遗漏的病变。

（5）佛斯特（Chvostek）氏征（又名缺钙击面试验）

反射弧传入神经：三叉神经第三支。

中枢：脑桥和中脑三叉神经中脑核—网状结构—面神经核。

传出神经：面神经。

方法：以叩诊锤叩击耳前面神经出腮腺处，可引起同侧面肌痉挛样收缩。

临床意义：此反射是手足搐搦症的重要体征之一，也可出现于其他反射性应激性增高的情况。

（6）角膜反射

反射弧传入神经：三叉神经眼支。

中枢：脑桥中部三叉神经感觉主核—网状结构—脑桥中下部面神经核。

传出神经：面神经。

方法：以柔软的棉花毛，轻触角膜的外下方部位，引起双眼轮匝肌收缩，反射性瞬目。

临床意义：角膜反射丧失，可见于下列3种情况。

①反射弧传入神经病变，三叉神经眼支的病变，除了面部该支的分布区（前额部皮肤）有感觉障碍以外，同时伴有角膜反射减低或丧失。角膜反射减低常常是三叉神经第一支损害的早期症状，以后可随病变进展而致丧失。由于小脑幕也是由三叉神经第一支分布，故在后颅窝病变时，早期即可有角膜反射减低，如小脑出血的患者，

有报道，同侧角膜反射减低和消失为诊断的重要指征。

②角膜反射的传出神经病变，周围性面神经麻痹角膜反射的传出神经为面神经，当周围性面神经病变时，角膜受到刺激后不能瞬目，此种现象从广义来看也属于角膜反射丧失。

③一侧大脑半球病变，可表现对侧角膜反射减低或丧失。有人认为，在顶叶有角膜反射中枢，或许可以得到解释。如果**两侧**角膜反射均减低或丧失时，说明大脑两侧广泛性损害（如在深昏迷、脑水肿、脑缺氧），侵犯了角膜反射的脑内反射弧。

结合膜反射与角膜反射的临床意义相同。

（7）角膜下颌反射

反射弧传入神经：三叉神经眼支。

中枢：脑桥三叉神经感觉主核—网状结构—面神经核、三叉神经运动核。

传出神经：面神经和三叉神经第三支。

方法：以柔软的棉花毛轻触一眼角膜，不但引起双眼轮匝肌收缩闭目（角膜反射），而且，反射性地引起翼外肌的收缩使下颌偏向对侧。

临床意义：此反射正常人并不存在，仅见于双侧皮质脑干束损害的假性延髓性麻痹患者。双额叶广泛损害也能引出此反射。

（8）掌颏反射

反射弧传入神经：正中神经。

中枢：颈髓5～8和第1胸髓的后角细胞柱—脊髓丘脑束—脑桥面神经核。

传出神经：面神经。

方法：以钝针轻划，或用针刺手掌大鱼际部皮肤，引起同侧下颌部颏肌收缩。

临床意义：是一种原始的浅反射，2岁以后消失。在皮质脑干束病变时，此反射出现，尤其在双侧皮质脑干束病变时明显亢进。但同时研究者又指出，此种反射也可见于正常成人，但是正常人出现者与病理性的表现不同：第一，病理性掌颏反射范围比较广泛，不单纯限于大鱼际部，在手背、上肢、躯干，甚至于刺激下肢也有时可以引出；第二，病理性掌颏反射肌肉收缩幅度大，而且，持续时间较长。

在周围性面神经麻痹、延髓性麻痹、多神经炎等疾患影响传入或传出神经时，此反射减低或丧失。皮质桥延束（尤其是双侧）损害时亢进，或见于额叶病变。额叶病变对侧掌颏反射亢进。

（9）吸吮反射

反射弧传入神经：三叉神经第三支。

中枢：脑桥三叉神经感觉主核—网状结构—面神经核。

传出神经：面神经。

方法：轻划唇部或轻触口唇，立即出现口轮匝肌收缩，上、下唇噘起作“吸吮”动作。

临床意义：与口轮匝肌反射相同，见于额叶病变和假性延髓性麻痹患者。

怎样发现新生儿面瘫

新生儿面神经检查，主要是在其睡眠或安静时，随意运动与表情运动（如哭如笑）时，观察双侧面部是否对称。舌前2/3的味觉检查，可给服甜（如5%葡萄糖）或苦（稀的奎宁溶液）的液体，分别观察其反应，正常者对苦味溶液引起皱眉并遭拒绝。较大的小儿，运动和味觉检查与成人相同。

周围性面神经麻痹的诊断依据

（1）患侧全部面肌瘫痪，眼睑不能充分闭合。闭嘴时，颊肌松弛，口角下垂。抬眉时，额横纹消失，眉毛较健侧低，睑裂变大，内眼角不尖，眼泪外溢。笑时，口角向健侧牵引。由于颊肌麻痹，咀嚼时食物潴留于颊部与牙龈间。

（2）贝尔征。闭眼时麻痹侧眼球上窜，角膜下方露出巩膜。

（3）眼球征。患侧眼球上移。

（4）颈阔肌征。患者用力前屈，检查者抵额，健侧颈阔肌收缩，患侧不动。

（5）听觉过敏。由于镫骨肌麻痹，鼓膜张肌紧张，微小声音产生强震动，产生过听。

（6）泪腺分泌障碍，患侧减少。

（7）唾液分液障碍，患侧下颌腺分泌减少。

（8）神经麻痹定位诊断。

周围性面神经麻痹是如何定位诊断的

因面神经损害的部位不同，除都出现周围性面神经麻痹的共同症状外，并可出现其他定位症状。

（1）茎乳孔或以下的（鼓索分出处远端）部分受损。表现为病侧的面部表情肌瘫痪。不伴有味觉（舌前 2/3）障碍。

（2）面神经管中鼓索支和镫骨肌支之间受损。表现为面肌麻痹，舌前 2/3 味觉丧失，涎腺分泌功能障碍。

（3）面神经管中镫骨肌支和膝状神经节之间受损。出现面肌麻痹，舌前 2/3 味觉丧失，涎腺分泌功能障碍，听觉过敏。

（4）膝状神经节处受损。面肌麻痹，舌前 2/3 味觉丧失，除涎腺分泌受抑制外，并有泪液分泌丧失，听觉障碍，鼓膜、耳甲与乳突区域的疼痛。因膝状神经节病变多系带状疱疹病毒所侵害，故在神经节纤维的分布区鼓膜、外耳道、耳廓外侧面及耳廓与乳突间可发生疱疹。

（5）脑桥和膝状神经节之间受损。此部位相当于内听道及小脑脑桥角，在该处面神经与听神经一起行走，因此，病损时除周围性面瘫外，尚有耳鸣、听力减退和眩晕；中间神经也一起受损，可有舌前 2/3 的味觉减退及唾液和泪液分泌减少。小脑脑桥角病变尚可影响三叉神经、小脑脚及小脑，出现同侧面部疼痛或感觉障碍、肢体共济失调及眼球震颤。

（6）脑桥内核性或核下性损害。脑桥内病变可损害面神经核或其发出的面神经根纤维，出现周围性面瘫，且常伴有附近结构损害的表现，而感觉与腺体分泌功能常可保存。由于面神经核及其发出的纤维与外展神经核有密切的关系，因此，脑桥病变常引起同侧面神经和外展神经麻痹，并常同时损害皮质脊髓束而发生对侧偏瘫。在面神经核的变性疾病，如进行性延髓麻痹及延髓空洞症时，面神经支配的肌肉可出现肌束颤动。

鳄鱼泪征的表现

鳄鱼泪征，又称 Bogorad 综合征，即味－泪反射，症状是在进食咀嚼时（特别是进浓味食物时）即有病侧眼泪流下。常见于面神经麻痹的早期和晚期，偶见于听神经瘤。可能为病变导致神经干中的传入和传出神经纤维髓鞘脱失，致使二者之间产生神经冲动短路的结果；但也可能为接近面神经膝状节处病变引起面神经麻痹。在恢复过程中，神经再生时，一部分支配唾液腺的神经纤维长入支配泪腺的岩浅大神经纤维中。故进食时，唾液腺神经纤维受到刺激时，兴奋亦传至泪腺而引起流泪。

本病治疗多采用手术疗法，切除支配腮腺分泌的舌咽神经鼓室支，或采用睑泪腺切除术。两者均可收到满意疗效。

Marcus Gunn氏综合征的表现

Marcus Gunn 氏综合征，也称 Marcus Gunn 氏现象、下颌眼睑联合运动、翼外肌提上睑联合运动。Marcus Gunn 氏综合征多为先天性，也有后天患病者，也有家族性者。患者女性多于男性，后天患病者可始于任何年龄。有的为暂时性，有的长期存在。先天性者于出生之后，即有一侧眼轻重不同程度的上睑下垂或睑裂变窄。于张口或下颌向下对侧或向前活动时，下垂之眼睑便随之提起。有的和健侧等大，有的大于健侧。当下颌保持张口期间，眼睑也保持提起状态。

本综合征系三叉神经支配的翼外肌和动眼神经支配的提上睑肌间有联合运动，有的在嚼肌和颞肌收缩时睑裂也变大。表示嚼肌、颞肌和提上睑肌间有联合运动。联合运动的机制，可能是因翼内外肌的本体感觉到三叉神经中脑核，眼外肌的本体感觉，也到达三叉神经中脑核，两者在该核进行神经联系。也有 Marcus Gunn 氏综合征合并 Adie 氏瞳孔，并有汗腺分泌障碍。

面瘫时出现瞬目－下颌综合征的表现

瞬目—下颌综合征又称瞬目—下颌现象、Marin Amat 氏综合征、逆 Marcus Gunn 氏综合征。

病因不明。可见于面神经麻痹、卒中后偏瘫及肌萎缩性侧索硬化。可能为三叉神经运动支与面神经有周围性联系，致眼轮匝肌与翼外肌发生联合运动所致；或是，两者相关的核上性损害的一种释放现象。临床特征与 Marcus Gunn 综合征相反。

临床表现如下。

（1）患者张口时，发生同侧眼睑闭合或睑裂变窄。

（2）触及角膜引起瞬目的同时，下颌向对侧偏移。

亦有报道出现双侧 Marin Amat 氏综合征患者，患者也常合并面神经的其他联合运动。

Frey氏综合征的表现

Frey 氏综合征（耳颞综合征），又称唾液发汗综合征，或出汗潮红综合征等，由法国人 Frey 于 1923 年发现，系指腮腺外伤或术后数月或一年以上，出现患侧耳部皮肤发热、潮红、流汗等症状群，每于进食时发生。本征发病有一定潜伏期，其发生机制已公认为错误神经支配学说，即耳颞神经损伤后，腮腺的副交感神经分泌神经的节后纤维再生，迷植于支配耳颞神经的皮肤血管扩张神经及皮肤汗腺分泌神经，因此，在进食、唾液分泌或给予拟胆碱能药物时即出现该症状群，即所谓神经迷植。

患有面部神经炎后会发生Frey氏综合征吗

面神经炎后，除可遗有面肌痉挛、异常连带运动及鳄泪征等后遗症外，少数可出现 Frey 氏综合征。因其发生率低，病例报道很少。面神经炎后出现 Frey 氏综合征的机制也是神经迷植，即错误神经支配。在面神经修复过程中，自主神经纤维再生时，迷植入同侧耳颞神经的皮肤血管扩张神经及皮肤汗腺分泌神经，经过一定潜伏期而发病。

Frey 氏综合征临床诊断较易，但目前尚无特效疗法，或可手术治疗。

双侧面瘫与肌病性面容如何鉴别

双侧面瘫的面容与肌病性面容相似，诊断时应注意鉴别，肌病性面容有以下特点。

（1）面肩肱型肌营养不良。面肩肌型肱型肌营养不良，为进行性肌营养不良的一个类型。初期时，症状可先表现在面肌的营养不良，即眼睑不能闭合，口唇收缩无力。患者之双眼不能闭合，抬眉无力，额纹消失，颊部消瘦，口闭不严。因而，上下唇似显增厚而突出，称之为尖嘴。笑时，因颊肌萎缩，故其口角只能向外牵拉而不能向上，易误诊为有双侧面瘫的 Moebius 氏综合征。其不同之处为：Moebius 氏综合征与生俱来，以后不进展成翼状肩胛和肱骨肌肉萎缩。

（2）眼咽型肌营养不良。眼咽型肌营养不良也可累及双侧面肌，表现在双侧面肌瘫痪，和双侧面神经核下性瘫痪相似；但眼咽肌营养不良也累及咽喉肌，借此可与面神经麻痹鉴别。另外，眼咽型肌营养不良和顿挫型 GBS 相似，但眼咽型肌肉营养不良，起病缓慢、逐渐进行，可资鉴别。

（3）肌无力症。肌无力症只累及面肌，表现在双眼不能闭合或闭合无力。面肌中以牵拉口角之肌肉（颧肌和笑肌）受累较重，而上唇方肌常得以避免。因而，在笑时表现为苦笑状。双侧面肌收缩无力。但注射 Neostigmine 后恢复正常。据此两者可以鉴别。

怎样诊断贝尔麻痹

（1）贝尔麻痹病因不明，表现为急性周围性面神经麻痹。近来发现，患者血清中含有单纯疱疹病毒抗体。

（2）糖尿病、妊娠及遗传等是明显的致病因素，本病有家族聚集性，可能与遗传有关，是一种常染色体显性遗传。

（3）可伴有前庭症状，眼震电图检查异常，可能是多发神经病变。

（4）有人认为，原发于鼓索神经的炎性病变逆行影响面神经干，神经外膜水肿压迫，导致面神经缺血，引起可逆的传导阻滞或不可逆的髓鞘或轴索变性。若刺激神经外膜内的胶原纤维形成，造成永久的纤维压迫或纤维化。

（5）发病年龄多在21～40岁，高峰在21～30岁，无性别差异。

（6）发病前多有鼻塞、肌肉痛、咽痛或其他病毒感染症状。

（7）有70%患者味觉改变，其中，50%发生在麻痹前2～7天，半数以上有患侧面部及耳后痛，其中20%发生在麻痹出现前，另20%患侧口角及上唇有麻木感，并常扩散至整个面部及舌侧。

（8）半数患者开始为全身麻痹，或在1周内发展成全麻痹；另一半为部分麻痹，并永不发展成全麻痹。70%患者在7～10天内开始恢复，4周内完全恢复；15%恢复良好，伴有轻微的变性并发症，这组患者一般在2～4周内开始恢复，4～8周内近于完全恢复；另15%恢复不良，一般在4～8周内开始出现恢复迹象，6个月后仍恢复不好，伴明显的并发症。

（9）听力、前庭功能检查及X线检查，以除外中耳及面神经的肿瘤、隐蔽性乳突炎、岩部先天性胆脂瘤等。凡缓慢发生、逐渐发展及复发性面神经麻痹提示肿瘤。

（10）复发性贝尔麻痹仅占10%，找不出其他原因，对一个突发性麻痹，病前有病毒感染症状，耳后疼及味觉改变，显微镜检查，透过鼓膜后上象限发现，鼓索神经充血，可考虑为贝尔麻痹。

（11）本病应与Melkersson-Rosenthal综合征鉴别。后者为单侧复发性面神经麻痹，伴有面部水肿及沟纹舌，水肿以上唇及眼部最明显，常有家族史，病因不明，可能是由于自主神经系统功能失调、过敏或免疫性疾病，发病机制考虑为面神经水肿在管内受压。

周围性面瘫时的电诊断方法

（1）感觉－直流电刺激。用高频间断电流刺激神经干，或用持续电流直接刺激肌肉。面神经损伤后第2～3天，神经对两种电流刺激反应均有暂时增高性；随后迅速减弱，第3～4天后可完全消失，有时两周后才完全消失。如肌肉对感应电流反应消失，而对直流电刺激反应增加表示神经有退变产生，只要感应电反应存在，多表示神经损伤不重；如直流电反应逐渐减弱直至消失，则表示面肌发生萎缩，即无手术指征。因电刺激不能定量测试，而且，误差很大，现很少应用。但在医疗条件较差情况下，利用理疗仪或针麻仪中的电极进行测试，仍不失为一种简单易行的方法。

（2）神经兴奋性试验。用面神经刺激仪每秒一次方波 1 毫秒刺激茎乳孔以下面神经主干，测得两侧面神经最小的刺激阈，进行对比。如两侧相差 2 ~ 3.5mA 时，即示神经有变性，为手术指征。此实验对不完全性面瘫和三天内的完全性面瘫无实用价值。为避免出现假阴性，可采用患者能耐受的最大刺激强度，即最大刺激试验，能使整个残留的神经纤维都兴奋，并和健侧对比。这是一种定量的测验，能正确地反应出神经变性的程度。一般面瘫后十天，电反应阳性者88%可以完全恢复，十天内反应减弱者73%可完全恢复，如十天内无反应者则不能恢复。故应每日测试，一旦发现反应减弱即应进行手术，如完全无反应时，即失去手术指征。但此试验常有假阳性现象，可靠性仅为80%。

（3）神经电图。用双极电刺激茎乳孔处面神经支，和最大刺激试验相似，记录其诱发总合电位以比较两侧差别，即为神经变性的百分率，这是目前最好的客观定量测试。若在两周内，变性达到90%以上时，即视为不完全恢复的临界数值，是手术指征的参数。因该试验不能鉴别损害的程度是轴索崩解还是神经崩解，只能用以评估神经有无恢复的可能。

（4）肌电图。用针电极插入面肌内记录其动作电位，如神经切断后，肌肉失去收缩能力，动作电位即告消失，轴索完全阻断后12天，电流活动全部消失，即出现自发的持续纤维颤动电位，表示神经已退行性变；如纤颤和运动单位电位均消失时，则表示肌肉全部纤维化，已无手术适应证。因肌电图在面瘫后14天内记录不出去神经电位，但对晚期就诊患者却能在临床表现面肌活动之前，查到神经再支配现象的多相再生电位，说明神经在恢复，可以继续观察。

（5）传导速度试验。其正常潜伏期平均值是2～5毫秒。如神经病变为传导阻滞，则潜伏期仍在正常范围之内（＜4毫秒）若为部分神经变性，则潜伏期明显延长，但神经兴奋性并不消失；若神经已全部变性，则示波器所示的肌肉反应将于2～3天开始减弱，5～6天全部消失。测验时必须两侧对比。

在判断早期面瘫的预后中，神经兴奋性测验比强度时间曲线或传导速度试验等较有价值。鉴于有些兴奋性明显减退的病例也可获得完全恢复，判断瘫痪的预后不可全靠这些测验，应同时根据起病的快慢、病程长短、肌肉有无张力、瘫痪的程度情况来决定。起病缓、病程短，肌肉张力保持（即静止时两侧面部对称）和非完全性瘫痪者，预后一般良好。

怎样判读面神经电图测试结果

面神经电图（ENoG）是测量和记录许多同步兴奋的运动单位的复合电位。代表面神经出茎乳孔的情况，如在茎乳孔附近给以足够强的电刺激，将会导致神经支配区内的面肌发生一个"收缩"，并可记录到一个复合电位的波形，其振幅可以测量。ENoG 所记录到的复合电位与面神经损伤的病理关系，并无组织形态证明。但临床实践表明，ENoG 的振幅和神经纤维的兴奋性之间极可能是 1：1 的关系。当面神经受到某种影响，其神经纤维中的半数（50%）发生生理性阻滞（神经传导阻滞）时，若电刺激施于神经阻滞处的近端，则正常的神经纤维可传导兴奋，而阻滞的神经纤维则不能传导，于是面部肌肉收缩的程度只有正常时的一半，即 ENoG 振幅只有正常的 50%。

与上述情况相同，但刺激施于神经阻滞的远端，此时将会使全部神经纤维兴奋。因而，面肌发生最大收缩，ENoG 的振幅将为100%。

50% 神经纤维变性，因有一半神经纤维解剖上破坏，故无论在损伤处近端或远端施用最大刺激，其 ENoG 的振幅都只有正常时的50%。面神经损伤时的实际情况是，有部分神经纤维发生变性，而有部分纤维解剖上并未破坏而是处于神经传导阻滞状态。因此，若在损伤处的近端施用电刺激，其结果将是，变性及阻滞的神经皆不能传导兴奋，ENoG 的振幅为 0。而在损伤处远端刺激时，变性纤维不能传导，阻滞纤维可以传导，其 ENoG 的振幅为 50%。

ENoG 的临床意义如下。

（1）由于面神经损伤后，其远端神经纤维发生变性约需 1 ~ 2 天，因此，茎乳孔外刺激面神经以探寻颞骨内神经损伤程度，必须在伤后 48 小时测试 ENoG。

（2）茎乳孔外刺激所测得的 ENoG，不能发现颞骨内的神经传导阻滞。

（3）茎乳孔外刺激所测 ENoG 的损失表明神经纤维变性的数量。

（4）ENoG 只能判读神经纤维变性的量，不能区分是由于轴突断伤，或是由于神经内膜，束膜或外膜断伤所致。由于损伤的原因及程度不同，其变性发生的速度也不相同。

因此，面瘫患者行 ENoG 测试，需连续观察，以了解神经纤维变性的速度。一般说，若患者发生面瘫后 2 天即行 ENoG 测试，即应隔 2 ~ 3 天复查一次，到 3 周末（21 天）为止。连续测试可观察面神经损伤的动态变化，大有利于评估预后和决定治疗方针。

ENoG 测试的结果，要靠健侧与患侧比较。健侧与患侧相比，若健侧复合电位为100%，则患侧达到的百分数即代表患侧发生变性的神经纤维数量。

瞬目反射对面瘫诊断有什么作用

瞬目反射（BR）是由于面部叩打、光、音、角膜触觉等刺激而诱发引起的防御反射，起着保护眼球的重要作用。BR不仅能检查出三叉神经、面神经的病变，而且也能查出脑干功能障碍，因而有一定的诊断价值。尤其能确切诊断颞骨内段轻度面神经麻痹。该法同听觉脑干诱发反应（ABR），作为脑干功能的客观检查法被广泛应用于临床。

BR对面神经麻痹的诊断，是借于三叉神经来刺激脑干的面神经核运动神经元，可以诊断包括颞骨在内的全程面神经的病变。对中枢性面神经麻痹的诊断也有一定的价值，从反射弧有无障碍性反应可以鉴别核性麻痹和核上性麻痹。

面瘫时临床上怎样应用瞬目反射

（1）末梢性面神经麻痹。反射弧远心路的面神经受损伤时，无论刺激左侧还是右侧，均出现患侧 BR 障碍的现象，严重缺乏神经支配者的反应电位完全消失。轻度受损和处于恢复过程者，可见到潜伏期延长和振幅减小。

BR 检查用于末梢性面神经麻痹，特别是颞骨内面神经麻痹的诊断时，最好也要进行神经兴奋性检查（NET）、诱发肌电图检查（EMG）等电诊断法的检查。将上述检查法综合起来进行结果判断分析，可以正确诊断麻痹早期的颞骨内面神经病变的程度。面神经在发生变性之前，如 BR 恢复可以诊断预后良好，同时进行电诊断法检查综合判定其意义更大。

特发性面神经麻痹，在发病后 2～3 日内可以出现正常反应，但随着病情加重，反应也逐渐消失。BR 消失而后又恢复时，多数是 R1 比 R2 先恢复，或者 R1R2 同时再出现，再出现时的反应是 R1R2 二者的振幅变小，潜伏期延长。在治疗经过的观察中，R2 潜伏期推移是很重要的指标。通常情况下，特发性面神经麻痹即使预后良好者，R1 潜伏期的延长也约有 4 周不变，3～4 个月才能恢复到正常值。该法还应用于推测中耳手术术前面神经存在的潜在性病变。

BR 检查对小脑脑桥角部肿瘤，特别听神经的诊断是很有用的。在引起面部表情运动障碍之前，可以看到 R1 出现异常。随着肿瘤的增大，R1R2 的潜伏期延长，振幅变小，最后反应电位消失。肿瘤超过 15mm 时潜伏期延长，肿瘤大小与潜伏期延长呈正相关。

面神经核性麻痹，属于末梢性麻痹型，在 BR 上见不到特异所见。

（2）中枢性面神经麻痹。核上性麻痹者，R2 出现变化，而 R1 不受影响，甚至出现亢进现象。这是因为反射弧是受丘脑、大脑皮质的影响。而 R1 的反射弧只限局于脑桥部。但出现肌萎缩时振幅也变小。因此，在发病后一定时期内，BR 检查可以鉴别核性麻痹。

（3）面肌痉挛征。因为该征面神经的兴奋性高，即使反复检查也不易引起"适应性"，反射阈值也低。因肿瘤压迫面神经而引起面肌痉挛者，其 R1、R2 的潜伏期延长。

周围性面神经麻痹测定NET和S－D曲线有什么意义

影响面神经麻痹预后最重要的因素是面神经的去神经程度。神经兴奋性检查（NET）、强度—时间（S-D）曲线的阈值测试，是判断失神经程度的检查法。

（1）NET 阈值测试。应用 SET-4210 型神经兴奋测试仪，通过双极表面刺激电极进行测试。电极中心间距离 1.5cm，将刺激电极置于耳垂下面神经出茎乳孔处，用 0.1 ~ 1.0 毫秒间隔方形脉冲电刺激面神经干，渐次增强电流，将引起肌挛缩的最小值作为 NET 阈值。

（2）S-D 曲线阈值测试。将刺激电极置于眉弓上 3cm 处测试额肌；置于下睑近外眦处测量眼轮匝肌（简称眼肌）；置于下唇近口角处测量口轮匝肌（简称口肌）。

（3）Yanagihara 去神经支配判断标准法。刺激脉冲间隔 0.1 毫秒，双侧阈值差在 3.5mA 以内者为去神经（-）；超过 3.5mA 者为去神经（+）；超过 10mA 者为去神经（++）；刺激脉冲间隔 1.0 毫秒，双侧阈值差超过 10mA 者为去神经（+++）。

（4）NET 正常阈值范围。按正态分布法求出 NET 左、右侧阈值差值的正常范围（标准差为 5%）1.72 ~ 1.57mA。患侧阈值减健侧阈值小于 -1.57mA 为超兴奋性，大于 1.72mA 为兴奋性抑制。

（5）S-D 曲线正常阈值范围。额肌 1.04 ~ -1.01mA；眼肌 0.78 ~ -0.85mA；口肌 1.24 ~ -0.98mA，超过正常阈值最高上限值或最低下限值有临床意义。小于下限值为超兴奋性，大于上限值为兴奋性抑制，正常阈值范围内为正常兴奋性。

（6）去神经程度与预后。电生理诊断面神经受损后的病理性支配，即诊断去神经支配程度和估计预后比较可靠。去神经程度越重，面瘫程度也越重，面肌功能恢复所需时间也越长。

S-D 曲线测试结果证实了面部表情肌间受伤程度差异的现象，

即眼肌最易受伤，损伤程度重，肌功能恢复速度最慢；而口肌对损伤的抵抗最强，肌功能恢复最快。产生这种现象的原因取决于各支配神经、运动点、肌肉的生理学和组织学的特点。重度去神经的发生及经过有电击型和迁延型。这两型的病理改变是今后的研究课题。大部分学者主张：NET 可在 72 小时内测得神经反应。但应注意，由于存在迁延型神经支配，故 3 周后仍应密切观察失神经的动态。

面神经逆行诱发电位的测定有什么意义

国内有人采用极性交替的恒流刺激电信号，经皮电刺激茎乳孔面神经，在正常人鼓膜（15 耳）及鼓室（9 耳）记录 FNAEP 方法，探讨人体面神经逆行诱发电位（FNAEP）的特点及其临床应用价值，结果都能记录到 FNAEP，且其波幅随刺激强度的增大而增大，当刺激强度为阈强度的 2 倍时，FNAEP 达到最大，急性颞骨内面瘫后 FNAEP 波幅减小，峰潜伏期延长，并随面瘫的好转 FNAEP 逐渐恢复正常。结论是：FNAEP 可作为早期诊断急性颞骨内面瘫的一种新方法。

周围性面神经麻痹时检查BAEP和EEG有意义吗

许多学者从不同角度对周围性面神经麻痹进行研究，有文献报道：面神经麻痹者大脑受到侵犯，是由于面神经核的上半部受到双侧皮质支配，因此，一侧周围性面神经麻痹时，其电生理学特征的改变可通过双侧面神经的上行途径波及双侧皮质引起脑电活动广泛异常，当周围性面神经麻痹患者脑干听觉通路及大脑皮层受侵犯时，BAEP和EEG可呈相应变化。

应用Gd‑DTPA增强MRI对面神经麻痹诊断有什么帮助

磁共振成像是20世纪80年代以来广泛应用于临床的影像学诊断技术。它不仅可以提供人体不同解剖方位上极为清晰的断面影像，而且，对于反应组织生物化学改变具有重要的潜在能力。磁共振成像目前已应用在全身各个部位疾病的诊断，对于神经系统疾患效果尤为突出。

日本矶野道夫应用二乙三胺五乙酸钆（Gd — DTPA）作增强

MRI，对面神经膝状神经节及鼓室部造影的效果进行了研究。

近年来随着 MRI 的普及，用于听神经肿瘤或面神经鞘瘤诊断的报告增多，而增加 MRI 对听神经肿瘤和颜面神经鞘瘤的诊断极有帮助。

面神经麻痹时磁共振成像正常能排除肿瘤病变吗

原因不明的单侧急性面神经麻痹最常见为贝尔麻痹，但在某些情况下应高度怀疑肿瘤。Freije 介绍 3 例单侧面神经麻痹患者，其磁共振成像（MRI）正常或稍有异常，但最终都被证实为恶性病变。

面神经炎时血清免疫指标有什么变化

目前，面神经炎的病因有许多不同观点。国外有人提出面神经炎为遗传性疾病，为常染色体显性遗传；也有人认为本病与病毒感染有关，特别是 EB 病毒、带状疱疹病毒；还有人认为，该病与病毒感染免疫反应有关，是炎症感染基础上神经细胞内免疫调节功能异常造成的。面神经炎患者血浆中存在一定异常的 IgG，可与面神经元及末梢神经间有高度亲和力，被优先摄入面神经元的轴突，与其结合，使面神经的功能发生障碍。临床称之为面神经炎。日本中村正二研究了 30 例面神经炎，发现 7 例 IgG，9 例 IgA，9 例 IgM 显示高值，进而提出面神经炎与免疫球蛋白的异常有关。

临床上如何能阻止血浆中特异性 IgG 进入面神经元的轴突是非常重要的。

超声波怎样诊断莱姆病性急性面瘫

莱姆病发病症状多不典型，早期诊断较困难。实验室诊断依靠血清和脑脊液 IgG 及 IgM 荧光免疫试验（IgG — IFT，IgM — IFT）、酶联免疫吸附试验（ELISA），因其有假阴性和假阳性，诊断不可靠。国外有人应用 B 型超声波检查结合其他辅助检查，获满意诊断治疗效果。

因此结合病史，B 超检查腮腺附近淋巴结，是一种经济、有效且可靠的诊断方法，同时经抗生素有效的治疗后淋巴结缩小。故可用于监测治疗，防止向Ⅲ期发展。

怎样应用BSER鉴别包柔式螺旋体感染性面瘫与贝尔面瘫

急性周围性面瘫中，部分为硬蜱传播的包柔式螺旋体感染。应用脑干诱发反应测听（BSER）的变化，分别对包柔式螺旋体感染性面瘫及贝尔面瘫进行 BSER 检查发现，前者 BSER 异常主要表现为波 ν 的波幅异常，重复性差，解释性不满意；后者 BSER 异常主要表现为传导时间延长，耳间潜伏期异常。包柔式螺旋体感染性面瘫 BSER 异常发生率明显高于贝尔面瘫。

恶性外耳道炎引起面神经麻痹怎样诊断

（1）多见于老年体弱、糖尿病患者。

（2）细菌培养皆为绿脓杆菌。

（3）炎症起始于外耳道，逐渐侵犯中耳、颞骨和颅底。

（4）面神经麻痹常见，并提示骨质受累。

（5）耳周软组织肿胀和明显压痛。

（6）外耳道峡部底壁有肉芽。

（7）尿糖及糖耐量试验呈阳性结果。

（8）X线断层片估计病变范围，或进行CT检查。

产伤引起的面神经麻痹怎样诊断与鉴别

（1）产后末梢性面神经麻痹，乃因婴儿颅骨未充分发育，茎乳孔表面神经受压所致。多发生在用产钳的婴儿。

（2）与先天性畸形鉴别，注意有无身体其他部位畸形。产伤引起的面神经麻痹，是由于神经垂直部受较软的骨组织压迫所致。对这种患婴应尽早减压。

新生儿面瘫怎样诊断

国外有人对出生后24小时内。表现有面瘫的95例患儿进行了回顾性研究。其中，74名为宫内或分娩时创伤所致，21名为先天性原因。

对所有新生儿面瘫部位都应进行充分的评定和追踪观察，应查明其麻痹为完全性或部分性和受累支，有无血鼓室、耳周瘀斑，还要做面神经兴奋试验。

儿童面瘫应做哪些检查

对外周性面瘫的患儿，应做下列常规检查。

（1）生化方面，血糖、尿素氮、血常规。

（2）X线，头颅及乳突X线摄片。

（3）神经科检查，包括脑电图。

（4）病变定位：流泪试验，镫肌反射，电测味觉法。

（5）面神经功能测定，即神经兴奋性试验，这种试验即使在最年幼的小孩也可施行，同时最好在面瘫一开始就做，并每天由同一个人进行，有时也可能做涎腺闪烁测定。

（6）听力计检查。

怎样从听觉平衡功能检查鉴别贝尔麻痹和Hunt氏综合征

贝尔麻痹与 Hunt 氏综合征较难鉴别。Hunt 氏综合征起因于带状疱疹感染，贝尔麻痹也可发现此种感染，从症状学或病因学上都无法明确鉴别这两种疾患。伴耳聋的贝尔麻痹易有病毒感染倾向，提示有存在单纯性带状疱疹的可能。推测带状疱疹对迷路和耳蜗感染的受损程度有差异，对内耳来说，耳蜗受损较重。如果将单纯性带状疱疹与未发现带状疱疹病毒感染的贝尔麻痹相比，从听力和平衡障碍进行判断，则似乎前者与 Hunt 氏综合征相似。对缺乏耳廓疱疹伴有耳聋的面瘫应该想到与病毒感染，尤其是与带状疱疹病毒有关。

第 4 章

治疗疾病

合理用药很重要，综合治疗效果好

面神经血管瘤怎样治疗

　　面神经血管瘤，又称海绵状血管瘤，为罕见且难以诊断的良性肿瘤。表现为：进行性或突发性面瘫，常伴有面肌抽搐。除程度不一的骨化—血管性间隙内及周围出现刺激性生长的蜂窝状新骨外，面神经血管瘤的临床表现完全与面神经瘤相同。早期诊断的关键是，对面瘫者行积极与全面的检查，包括纯音与言语听力图，听诱发电位及位置与变温性眼震电图；若有可能还应做正弦谐波加速度（SHA）、计算机眼跟踪（COT）及前庭自转测试（VAT）检查。MRI结合钆注射与高分辨率薄层CT有助于诊断。若影像学诊断失败，神经耳科医师必须考虑手术探查。

贝尔面瘫的治疗方案

　　贝尔面瘫，治愈率约占70%左右，尚有30%左右预后不良，可残留连带运动和面肌痉挛等后遗症。目前应用于贝尔面瘫的治疗方法仍可分为保守治疗和手术治疗两大方法。

　　（1）保守治疗

　　①西药治疗。激素疗法；改善微循环；抗病毒药物；神经营养、

修复药物能量合剂等。

②理疗。低频疗法；神灯疗法。

③按摩与锻炼。

④神经封闭疗法。

⑤针刺疗法。

⑥中药辨证治疗。

（2）外科手术治疗

即行面神经减压术，开放骨性面神经管，切开神经鞘，使面神经减压，防止神经变性，促进神经功能恢复的疗法，尚有一些新开展的手术疗法。

贝尔面瘫怎样应用激素治疗

目前，贝尔面瘫的西药药物治疗以肾上腺皮质激素为主，因其能减轻水肿，改善面神经在神经管内的受压状态，可防止面神经变性。一般认为，轻度麻痹治愈率与给药与否关系不太大，而中度以上麻痹则用药能使治愈时间缩短，治愈率提高。神经的 Waller 变性在麻痹症状出现后 2 周完成，因而，应在神经变性前早期给药，否则预后不良。

（1）口服或静点地塞米松

开始每日 30 ~ 60mg，逐渐减量，到 2 周为止。最大剂量所需时间根据麻痹程度而定，一般 4 ~ 7 天。

（2）泼尼松龙

①成人量每日 80mg，用 5 日，60mg，40mg，20mg 各一日，疗程共 8 天。

②小量法：泼尼松龙 60mg，每日递减 5mg，12 日为一疗程.

③大量法：泼尼松龙 250mg，每日递减 25mg，10 日为一疗程。

（3）泼尼松

无论患者年龄大小，发病时间长短，均给予泼尼松 20mg，早晨一次口服，连续服 4 周。泼尼松治疗面瘫疗效确切，有人用面瘫面神经功能指数（FNFI）评价用泼尼松疗效，结果 FNFI 由治疗前 55.3% 提高呈 96.6%。

Rothendle 认为，面神经麻痹发生 9 天内用泼尼松效果好，陈伟良提示早期使用激素治疗，对面瘫患者的面神经功能恢复有重要作用。

也有人用可的松 100mg，每日一次，口服或肌内注射，逐日减量用 10 ~ 12 天。

面瘫怎样应用末梢血管扩张剂和改善微循环制剂

面神经麻痹病因学之血管痉挛学说认为，血管神经功能紊乱，使位于茎乳孔部位的小动脉痉挛，引起面神经原发性缺血，继之静脉充血、水肿，水肿又压迫面神经导致继发性缺血，形成恶性循环而致麻痹。因此，治疗中有人主张应用末梢血管扩张剂和改善微循环制剂。主要有 2 个方案。

（1）Stennert 方案。静脉滴注低分子右旋糖酐 1000ml，目的是减轻血液黏稠度。口服己酮可可碱，以增加变形红细胞的潜力。激素作为抗水肿药物。

（2）Kawai 方案。静脉滴注 6% 羟乙基淀粉内加 ATP 20mg，维生素 B_{12} 500μg 及可的松 60mg，12 日一疗程，激素量每日递减。同时口服己酮可可碱。

面瘫治疗怎样应用抗病毒药物

面瘫病因学之一是病毒感染学说，被认为与贝尔面瘫有关且研究较多的病毒有：单纯疱疹病毒、水痘—带状疱疹病毒、巨细胞病毒、

EB病毒、腺病毒及其他一些病毒。现在许多学者更倾向于：病毒感染，特别是单纯疱疹病毒感染是贝尔面瘫的病因；贝尔面瘫是潜伏的病毒活化所致。

临床应用抗病毒药物有：利巴韦林和阿昔洛韦。

（1）利巴韦林。本药对多种RNA和DNA病毒有抑制作用，能阻碍病毒的复制。

用法：静脉滴注或肌内注射，每日按每千克体重注射10～15mg，分两次注射，连续使用5～7天为一疗程。

（2）阿昔洛韦。对单纯性疱疹病毒（HSV）Ⅰ型和Ⅱ型水疱带状疱疹病毒有很高的疗效。

阿昔洛韦进入疱疹感染细胞之后与脱氧核苷竞争病毒胸腺嘧啶激酶或细胞激酶，药物被磷酸化成活化型阿昔洛韦三磷酸酯，作为病毒DNA复制的底物与脱氧鸟嘌呤之磷酸酯竞争病毒DNA聚合酶，从而抑制病毒合成，显示抗病毒效力。

用法：口服，每次2片，每3小时一次，每天5次，连服5～7日。

面神经炎怎样应用促进末梢神经再生及神经营养药物

（1）碱性成纤维生长因子（BFGF）。该药可激活受损部位受抑细胞活力，促进神经细胞分化，诱导轴突生长，丰富神经分布，支持神经存活生长，延续神经细胞的死亡，促进与外周神经联系的成肌纤维细胞的生长增殖及正常生理活动，增强神经—肌肉的活动能力。

用法：以生理盐水或注射用水溶解后使用。

①肌内注射，每日一次，每次1600～4000 IU，2～4周为一疗程。

②穴位注射，局部取阳白、太阳、四白、颊车、承浆、颧髎等穴，每次1600 IU，每次2～3穴，2日1次。

（2）脑神经生长素注射液。本药改善脑组织的血液循环，使脑和神经系统的营养得到充分的供应。促进体内神经介质的转化、摄取和释放，直接补充神经介质和介质前体，缩短神经反射的时间，改善神经反射。保护神经免受化学毒物和病毒感染的侵害。用法如下。

①肌内注射，每次1～2支（2～4ml），每日1～2次，每月1疗程。

②穴位注射，每次1～2支（2～4ml），每日1～2次，每月1疗程。

（3）甲钴胺注射剂。本药能抑制神经病理学、电生理学中变性神经的出现，在压迫豚鼠面部神经，造成面部神经麻痹的模型实验中，通过神经再生过程的眼哈闭锁反射，诱发肌电图及组织学研究，证明本药具有与类固醇同样的恢复麻痹效果。

用法：成人每日 1 次 1 安培瓦（含甲钴胺 500 μg），一周 3 次，肌内注射或静脉注射，可按年龄、症状酌情增减。

（4）维生素 B 族。

维生素 B_1，每次 10 ~ 30mg，每日 3 次，口服。

维生素 B_{12}，每次 0.025mg，每日 3 次，口服。

怎样应用 β －七叶皂苷钠治疗贝尔麻痹

国产 β －七叶皂苷钠由娑罗子中提取，具有抗渗出，消水肿，恢复毛细血管正常通透性，抑制蛋白质透过血管进入炎症区域，增加静脉张力，改善微循环的作用。治疗面瘫用药 3 ~ 5 天，即可观察到症状减轻，如患者口角流涎、漏水减轻，一个疗程后，眼裂开始缩小，口角偏斜开始纠正，两个疗程后症状基本消失。轻症、急性期患者接受 1 ~ 2 个疗程可以治愈。病程超过 30 天达到 6 个月者，经 3 个疗程治疗结束后，除前额皱纹不明显，龈颊沟内仍有潴留食物现象外，其他症状如闭眼、吹口哨、口角歪斜等症状明显改善。

以 β-七叶皂苷钠为主的综合药物治疗，在针对周围性面瘫可能的致病因素，消除神经水肿，减轻变性，减轻患者痛苦，缩短疾病恢复进程中取得了较好的效果，为治疗贝尔麻痹提供了新的途径。

用药方法：药物加入 10% 葡萄糖液中静脉输入，7 天一个疗程，近期发病者第一个疗程用红霉素、利巴韦林、小量地塞米松、β-七叶皂苷钠。成年人尚可加曲克芦丁，口服维生素。第二疗程仅用 β-七叶皂苷钠。病程超过 30 天者，使用 β-七叶皂苷钠和维生素。

β-七叶皂苷钠用量：成人每日剂量为 20mg，儿童每日 0.1mg/kg（3 岁以下），0.2mg/kg（3～10 岁）。该药无使用大量激素的副作用，但对肾功能较差者则应小剂量使用，个别患者有过敏性皮疹、头痛、疲倦。

贝尔麻痹怎样应用高压氧治疗

贝尔麻痹的病理变化早期以面神经水肿，局部营养神经的血管痉挛，神经髓鞘与轴突有不同程度的变性为主。高压氧治疗，可以促使血中氧含量增加；同时，提高组织中的氧分压及其弥散度，从而纠正神经的缺血、缺氧，减轻神经的变性。高压氧还可通过降低血液黏度，而有明显改善组织微循环的作用。据王耀山等报道，一般治疗贝尔麻痹的有效率为65%，提示高压氧对贝尔麻痹有较好的疗效。

高压氧配合皮质类固醇治疗，其有效率可能得到提高。目前，较多的学者认为：贝尔麻痹的发病机制可能和自身免疫因素有关。故皮质类固醇配合高压氧治疗有相辅相成的作用。高压氧还对神经内分泌有影响，可以刺激垂体使促肾上腺皮质激素的分泌增加。对缩短疗程、提高治愈率和减少后遗症，有肯定的效果。

面瘫为何进行星状神经节封闭

星状神经节封闭（SGB），能增加颈动脉和动脉供应区的血流，达到改善面神经血循环的目的。有研究发现：SGB15分钟后颈总动脉血流量会增加75%，且持续70分钟。每天可以进行SGB1~2次，根据面瘫恢复程度再逐渐减少。有人报告：贝尔面瘫单独应用SGB治疗，急性期治愈率为80%，恢复期为20%。但临床上很少单独进行SGB，往往配合药物等其他疗法。

怎样治疗耳源性面瘫

耳源性面瘫是指继发于中耳炎的周围性面瘫，中医学称为"脓耳口眼㖞斜"。有人分析，并发于急性中耳炎之面瘫占8%，并发于慢性中耳炎之面瘫占7%。

急性中耳炎引起面瘫者多因面神经骨管先天性裂缺，神经发生局限性充血、水肿，如退行性变未达90%以上者，无需手术治疗，仅用抗生素和激素治疗即可治愈。

慢性中耳炎合并骨髓炎和胆脂瘤造成面瘫者，不论神经有无退变，均应早期进行乳突根治术；必须在清除病灶的基础上，再酌情进行神经减压、吻合和移植术；如局部感染严重，可在清除病灶后延期进行面神经修复术。

疑为耳源性面瘫的患者应及早由耳鼻喉科专科医生诊治。

周围性面瘫可以手术治疗吗

周围性面神经麻痹，外科治疗是行面神经减压术，即开放骨性面神经管，切开神经鞘，使面神经减压，防止神经变性，促进神经功能恢复的疗法，对贝尔面瘫预后不良患者行手术治疗曾很盛行。

但由于保守治疗效果的不断提高，且手术疗效不肯定，目前手术病例已急骤减少。但目前。对手术治疗还不能完全否定，仍然主张对保守治疗恢复不良者进行手术减压，只是强调对贝尔麻痹手术适应证应慎重选择。

贝尔麻痹施行手术的最理想时间，各家意见不一。多数认为：贝尔麻痹患者约有 85% 可自行恢复；2 个月后若仍无感应电反应和肌电图未出现运动电位，可行减压手术，最晚不宜迟于 3 ~ 4 个月；发病后病情严重者，自行恢复可能性较小，可考虑在 2 ~ 3 周内施行减压术；若面瘫恢复不良，或停留在某一阶段又加重者，应行减压术；贝尔麻痹发生后，经过治疗完全恢复后再次发生者，可考虑减压术；麻痹时间较长，在减压术中发现面神经变细呈索条状者，可切除该段面神经并施行神经移植术。

外耳道进路面神经减压术适用于何种面瘫

外耳道进路面神经减压术适用于硬化型乳突面神经水平段病变，如手术损伤和骨折等。经此途径去除碎骨片和行减压术。鞘膜损伤应划开，并用骨膜或筋膜覆盖。

乳突进路面神经减压术适用于何种面瘫

大多数手术者均采取乳突进路进行面神经减压术，此进路对面神经鼓室段、乳突段均有宽大的术野。先做关闭术式，保留外耳道和鼓膜的完整，经面神经隐窝进入后鼓室，就能见到面神经鼓室段和乳突段骨管。除硬化型乳突采用外耳道进路外，一般均应选用乳突进路。此进路可保持中耳的正常解剖位置和生理功能，适用于听力和平衡功能良好的患者。

颅中窝进路面神经减压术适用于何种面瘫

颅中窝进路面神经减压术可保存耳蜗和前庭功能，用于听力和前庭功能良好的面瘫患者和膝状神经节、迷路段及内听道的面神经病变患者。经颅中窝进路行内听道段和迷路段面神经手术，也可与乳突联合进路行面神经全程减压术，或修补膝状神经节近段的面神经外伤等。

面神经移植术适用于何种面瘫

面神经移植术适于面神经缺损较大（4～5mm以上），无法吻合的病例，只能施行神经移植术；也适用于由于外伤或手术而引起的神经切断、断裂、创伤等情况。

神经移植主要掌握3点：神经缺损超过3mm；需要广泛转移神经才能施行端对端吻合，这可能会严重损伤神经或血管；神经吻合有张力。

（1）切口及术腔处理与"面神经减压术"同。

（2）移植神经切除方法。可选用耳大神经、股内侧皮神经或腓肠神经，但以耳大神经最常用。

①耳大神经切取方法在同侧胸锁乳突肌的中部，横行切开皮肤和皮下组织，在胸锁乳突肌表面即可找到该神经；耳大神经与颈外静脉伴行，暴露颈静脉时，向后分离1cm左右即可发现耳大神经；分离至所需长度后，用锐刀切断两端，切取的神经段需较缺损的神经长0.5mm左右；取出后立即植入植床，与面神经两侧断端吻合。

取耳大神经的优点：耳大神经解剖部位明确容易掌握，切除耳大神经后，对感觉影响不大；耳大神经粗细与面神经相同，且其长度足够作为面神经移植用；取耳大神经在同一手术野，容易暴露。

②股内侧皮神经切取方法。自腹股沟以下 10cm 或一手掌宽处，做个 6 ～ 8cm 横行地切口。切取皮肤、浅筋膜及皮下脂肪达阔筋膜，即可见大隐静脉。分离阔筋膜，于大隐静脉的外侧 2 ～ 4cm 处，可见股内侧皮神经的前支下行于缝匠肌的浅面。分离神经时，注意点与取耳大神经同。取出神经应立即移植，切口逐层缝合。

③腓肠神经切取方法。在外踝之后，做一个长 3cm 的切口，分离皮肤及皮下组织，在一小静脉之后方即可见腓肠神经，纵行剥离，在其上方可作第二或第三个阶梯式切口；然后，游离该神经，将其上下两端切断，即可将神经取出。

（3）神经断端的探查。必须掌握面神经行程与易受破坏的解剖关系。神经移植的部位，根据病变和损伤的程度而定，较常见的部位为水平段和垂直段，其近端在前庭窗上方和匙突后方，位置固定且易找，面神经水平段系从前稍向后下走行。

水平段的后半位于前庭窗之上，位置较浅且低，易于受到损伤。远端因损伤程度而异，可在锥段，亦可在茎乳孔附近，寻找时需磨去外耳道后方骨壁，垂直段从前向后倾斜下行，上方靠近前庭窗，下段靠后。掌握面神经与鼓环的距离是不难找到乳突段的。向鼓乳裂深部暴露 1cm，即可找到乳突段。如发现可疑的断端而不能确定时，可使用电刺激测验；若系神经断端，刺激后病人面部某些肌肉即出现抽动。

（4）移植神经。植入神经前，必须把用作移植的神经在显微镜下除去其周围的结缔组织，仅仅留下神经鞘，其两断端用锐刀切齐，避免挤压；必须清除面神经本身局部肉芽、纤维组织以及病变的骨质、血块等；若移植的骨管缺损较大且无沟槽，必须重新磨成骨沟，骨沟两端必须和残存的骨管形成斜坡，可促进断端和移植神经紧密结合。用锐刀切除神经瘤直达正常端，并将两断端修齐，将移植神经平置于沟槽状骨管内，不需缝合，断面可借渗出血浆互相黏着固定。

面神经骨管缺损者，移植神经与面神经断端用 9/0 无损伤尼龙线缝合，也可用组织胶将其周围与外套的静脉管道相黏合。神经组织无张力地依附于乳突腔表面，覆盖筋膜或明胶海绵，再以刀厚皮片覆盖乳突腔或中耳腔，并用碘仿纱条填塞固定，不可过紧，避免压迫移植的神经。

听神经瘤切除引起的面瘫能否恢复

听神经瘤所致的面瘫切除肿瘤后，找到断端，采用神经移植恢复其通路。当切除小脑脑桥角区的大肿瘤，同时切断了面神经时，则将面神经的远端和其他运动神经（如舌下神经）的近端吻合，以改善肌肉的张力。

听神经瘤切除后，虽然保持了面神经的连续性，但术后仍出现重度面瘫。其中，多数患者在术后 1 ~ 2 天即出现重度面瘫，少数在 1 ~ 2 周内逐渐出现面瘫。

肿瘤体积大小的差异对面瘫的恢复有影响，由于病理的不同开始恢复的时间也不同：在 1.5 个月内显示恢复迹象的面瘫，考虑与部分去神经支配的传导阻滞有关；3 个月或更晚开始恢复的面瘫，可能是由于伴有不同程度神经损伤的轴突断裂；5 个月或更晚才出现的迟缓恢复，则表明面神经颅内部分有较严重的瘢痕形成，阻止了神经纤维再生。

肿瘤切除术后，大约一年仍无恢复征象的面瘫患者，应尽早进行舌下—面神经吻合术。

面肌痉挛怎样治疗

（1）药物治疗。传统的药物治疗多采用抗癫痫药物如苯妥英钠、卡马西平和地西泮等，其他药物，如卡巴酚酊、非尔氨酯等，据报道对某些面肌痉挛（HFS）有特效，但尚不足以推广应用。

（2）封闭治疗。以往药物治疗 HFS 效果不佳时，临床可采用酒精进行局部封闭，但往往导致面瘫，且易复发。

近几年，肉毒杆菌毒素 A（BTA）被广泛应用于 HFS 的封闭治疗。与酒精封闭相比，完全性面瘫发生的比例小，作用持久。90% 以上的患者有不同程度的好转，药效可维持 3 ~ 4 个月。其副作用为眼球发干、上睑下垂及轻度面瘫等。其毒性具有剂量依赖性，可产生称为"燃点现象"的精神过敏。另外，对于自主神经系统也有影响。可导致心慌、心悸和血压升高等。当与其他损害神经肌肉接头的药物合用时，毒性作用增大，治疗 HFS 时推荐使用小剂量（12.5U）、多次（每年 3 ~ 4 次）、间歇性应用 BTA。

（3）手术治疗。自 1944 年 Campbell 和 Kendy 开始利用手术治疗基底动脉瘤压迫导致的 HFS 以来，经 Carden、Maroon 等对手术的进一步完善，Jannetta 于 1976 年正式提出了微血管减压（MVD）的概念。MVD 已成为治疗 HFS 的首选方法。其术式为：枕下开颅，暴露面神经，于面神经出脑干区找到压迫血管，在其间隔以明胶海绵、肌片或 Teflon 片，达到减压的目的。这一术式曾被认为是能够治愈 HFS 的唯一不留后遗症的方法。

面瘫可否针灸治疗

针灸治疗面瘫已有两千余年的历史，其疗效是肯定的。因此，至今仍然是中医治疗面瘫病症（主要指贝尔面瘫、Hunt 综合征）主要手段之一。

针刺治疗面瘫的机制是兴奋神经、扩张血管、促进血液循环、消炎镇痛等。针刺疗法被多版神经内科学纳入面神经炎治疗方案之一。

1998 年 1 月 1 日起，美国医学会主编新的《通用医疗程序编码》将针灸列入其中，标志着西医学界确认针灸是一种正式有效的医疗方法。《通用医疗程序编码》分门别类地将目前使用的医学界承认的全部医疗服务都进行独立的编码，以方便各科医务人员向医疗保险公司准确申报他们的各项服务。

"面瘫穴"怎样定位和操作

"面瘫穴"为经外奇穴，为手阳明大肠经与足少阳胆经在肩部的交点上，即锁骨外 1/3 斜上 1.5 寸处（相当于斜方肌与颈下纹肌交叉处）。

其操作方法：左病右取，右病左取，交叉取穴。操作时患者坐位，穴位局部常规消毒，用 28 号毫针，针尖向颈部方向斜刺 1 寸，出现针感（酸胀）向颈面部传导为宜。留针 60 分钟，10 分钟行针一次，每周针刺 3 次，10 次一疗程。可以配合频谱仪、神灯等照射患侧面部。

怎样应用"吊线穴"治疗面瘫

主穴：吊线穴，即口角内肌平行于牙齿的经位线（口腔内出现如纸绳粗的白线或红线即是此穴）。

配穴：地仓透禾髎，地仓透承浆。

操作：酒精棉球髎规消毒，用三棱针对准吊线穴，强刺出血，间隔 0.5 ~ 1.0cm，排列、点刺，以出血为度，或用三棱针对吊线穴划刺，以及平行吊线穴的上下，从后向前划刺。主穴泻法。配穴平补。

针刺后，按摩患侧面肌、口角、眼睑周围、眉梢、额颊，以皮肤发热为度。每日或隔日一次，12 次为一疗程。

面瘫针灸治疗怎样选穴处方

针灸治病取穴原则有 3 个：近部取穴，即选取病痛所在部位或临近部位的腧穴；远部取穴，是选取距离病痛较远处部位的腧穴，

这一取穴原则是根据腧穴具有远治作用的特点提出来的；辨证取穴，即随证取穴或对证取穴，主要是依据辨证及腧穴主治作用提出的。

面瘫的针灸选穴即依据以上3个原则，总结临床众多针灸治疗面瘫的处方选穴，不外以下4种方法。

（1）辨证取穴。即将面瘫病症按中医辨证分型，不同的证型，选取不同的腧穴处方。

（2）辨病与辨证取穴。即在诊断面瘫病基础上，确定一个或一组固定穴位，再根据患者不同兼证表现，辨证配穴。

例：迎香、阳白、地仓、颊车、风池、合谷为主穴；风犯少阳者加外关；风犯阳明者加中脘、足三里；肝胆湿热加阳陵泉、行间；肝肾亏虚配太冲、太溪等。

（3）循经远近取穴。本法即按面瘫所病经脉远近结合取穴，如面瘫常病经脉为阳明、少阳，即取地仓、颊车、合谷（阳明经远近结合）及翳风、风池、太冲（少阳经及其表里经远近配穴）。

（4）辨病取穴。此法以经验为主，只要诊断为面瘫病症，就取某些方穴治疗，或为一组方，或为两组方交替应用，穴位不予加减。

例如：阳白、下关、颊车透地仓、风池、足三里为一组；丝竹空、迎香透四白、太阳透下关、完骨、合谷为一组。两组交替，每日一次。

又如：面瘫五透法，取太阳透颊车，地仓透颊车，四白透地仓，攒竹透鱼尾，阳白透鱼腰（或鱼尾、攒竹）。

怎样运用红外热像图确定面瘫针刺治疗方案

将现代化的医学热像技术应用于面瘫的针刺治疗中，可使该治疗法更趋客观和完善。

（1）使用仪器及面部热像图的观察过程。使用 AGA-782 型红外热像仪及 TC-800 型电子计算机（瑞典产）进行热像图选穴，经过面部热像图的观察、记录和分析。该仪器的温度分辨率为 0.1℃。在进行面部热像图检测时，患者进入恒温检查室，安静平坐 30 分钟，然后，距红外热像仪摄像机 1.5m 处取坐位，由热像仪摄取正面、患侧面和健侧面三张面部图像，用计算机记录图像并贮存于磁盘中，建立图像病历档案，以便保存和分析。一般患者的观察应在 19℃ ~ 26℃，相对温度在 30℃ ~ 65℃ 范围内完成，检查室为无阳光直射，无强红外辐射源存在，室内外通风隔绝的玻璃屏蔽室。

（2）热像图选穴方法和针刺治疗方法。患者于每个疗程前做一次红外热像图的面部检查，根据每一例患者面部热像图进行判断：对于双侧温度差较大的部位，选用患侧该部位附近的穴位；双侧温度差不大的部位，适当辅用患侧该部位附近穴位；而对该患者双侧温度基本对称的部位，即便患侧外观和功能较差，一般不在该部位附近选穴。另外，口唇部病变较重者可加刺患侧或双侧合谷；耳后、颈部疼痛者加刺患侧翳风和风池。患者在就诊时和每一疗程之前用上述方法确定选穴处方，下一疗程根据热像图复查结果重新选择穴位。针刺方法采用平补平泻手法，进针得气后留针20分钟，急性期每日针刺1次，10次为1疗程。治疗3个疗程后未愈者改为隔日针刺1次。

面部红外热像图标准选穴并不失灵活多变（辨证）性，这是因为每一个面瘫患者的病情不同，反映在面部热像图上的温度分布不同，所选择出的穴位也不会相同。有研究资料表明，双侧对应经穴上的温度和电阻在与该经相应脏腑出现病变时，可以有明显的不对称，对此现象（又被称之为经络失衡）有人正作为经络辨证的一个客观指标，用于疾病的诊断。面瘫之病，面部温度可以出现不对称，经脉循行部位亦可呈现温度或高或低的表现，而温度相差越大的部位其病变越重。因此，依据患者面部热像图选择经脉闭阻和失衡较重的部位而予以重点施治的选穴法，即为针灸治疗方案的确定提供了客观依据，又没有放弃中医针灸辨证施治的原则（实际上将辨证施治进一步客观化），是一种用客观指标指导的选穴形式。

应用热像技术对患者面部进行观察，可以通过图像大范围地显示病变情况，通过计算机的分析，还可得到定量化的结果，经此种检查选出的针对病变较重部位的治疗穴位重点突出。

面瘫患者面部热像图的主要病理特征为：双侧相同部位明显不对称。定量分析显示：病情重、病程短者，面部双侧温差值较大，恢复差者温差值亦较大；随病变的好转和恢复程度的增加，该温差值逐渐减小；面部双侧温度差值与病变程度和恢复程度有直接的对应关系。热像图和温度作为面瘫临床疗效评价的指标是可行的。由于面部血管痉挛、面部表情肌运动丧失、面神经损伤后的代偿活动以及面神经麻痹引起的小汗腺的抑制等机制，致使该病面部的血液循环、能量代谢和散热活动异常，体表温度发生相应改变。因此，患侧面部温度的改变是该病病理变化的反映，病变越重，则温度反应越明显。热像图方法具有简便（几秒钟成像）、直观（检查结果以图像形式显示）、无创（远距离摄像）等优点，用于临床简便易行，又能弥补面瘫临床常用检查方法的不足。

面瘫怎样按症状选穴

皱眉不能：攒竹透丝竹空、阳白。

眼睑闭合不能：睛明、攒竹、丝竹空、陷谷、申脉、照海。

额纹消失：阳白透鱼腰，眉冲透攒竹，头临泣透鱼腰，头维透丝竹空。

流泪：睛明，四白透睛明，内睛明，头临泣。

下睑拘急：四白。

鼻唇沟平坦：巨髎透迎香，地仓透迎香。

耸鼻不能：上迎香（鼻通），迎香透睛明。

人中沟歪：水沟、承浆。

口角下垂：太阳透颊车，地仓透颊车，下关透地仓。

流涎：地仓、夹承浆、承浆。

颏唇沟歪：承浆。

口干、舌麻：廉泉、金津、玉液。

面肿：下关、合谷。

舌前 2/3 味觉减退：金津、玉液、海泉。

乳突疼痛、重听：翳风、风池、听宫、率谷、完骨、外关。

面瘫常用哪些灸法

灸法治疗面瘫（面神经炎），历史悠久，且经验丰富，临床效果好。

当代灸疗常用法如下。

主穴：风池、颊车、地仓、颧髎、四白、阳白、合谷、阿是。

配穴：太阳、下关、翳风、迎香、足三里、太冲、内庭、外关。

（1）艾卷温和灸。每次选3～5个穴位，每穴每次灸5～15分钟，每日灸1～2次，5～7天为一疗程，疗程间隔1～2天。

（2）艾卷雀啄灸。选穴、灸治时间同上。

（3）艾炷隔姜灸。每次选用3～5个穴位，每穴每次灸3～7壮，艾炷如枣粒或蚕豆大，每日或隔日灸一次，5～7天一疗程。

（4）艾炷蒜泥灸。将鲜大蒜捣如泥状，取蒜泥少许涂于穴位上，上置艾炷施灸，每次2～3个穴位，每穴每次灸1壮，艾炷如黄豆大（其内可掺少许麝香），灸后局部有胀痛感，不经处理可自消失。

（5）针上加灸。每次选2～4个穴位，每穴每次施灸1～2壮，或5～15分钟，每日或隔日一次，5～7天一疗程。

灸法治疗面瘫有资料表明，其治愈率在64%～93%之间。总有效率可达95%，半个月内采用灸治者治愈率高。一般面神经炎效果好，耳疾患引起者疗效差。

灸疗时可采用1～2种方法同用，但灸后面部应谨防受风着凉。

怎样应用苇管器灸治面瘫

苇管器灸是古代灸法的一种，主要用于治疗面神经炎。早在唐代孙思邈《千金要方》中就有记载："卒中风口㖞，以苇筒长五寸，以一头刺耳孔中，四畔以面密塞，勿令泄气，一头内大豆一颗，并艾烧之令燃，灸七壮差。"明代杨继州《针灸大成》及清代廖润鸿《针灸集成》也有记载。

（1）苇管器制作。取一段长 6 ~ 7cm，管口直径 0.5 ~ 0.7cm 的芦苇，将苇管的一端切成斜面，另一端管口平滑，以便插入耳内施灸。另取长 5cm，宽 3.5 ~ 4cm 薄金属片，将其一端平行插入苇管斜面端的下方，深约 1.5cm，管口暴露，使金属片与苇管连接。金属片的另一端剪成半圆形，并将金属片两边向上弯曲，形似鸭嘴，以便施灸时放置艾绒。

（2）施灸方法。先将苇管平滑端插入耳内，取大艾绒炷放入鸭嘴形金属片上，点燃，数分钟后，耳内则有温热感。如果没有温热感，可调整苇管的角度，使艾烟传入耳内。

（3）施灸量。一般患病 2 ~ 3 周内为急性期，3 周后为恢复期。急性期的治疗以祛风寒为主，针灸并用，重用灸法。苇管器灸治面瘫主要用于本期，每日灸一次，每次 3 ~ 5 个艾炷，约 30 ~ 40 分钟，连灸 2 ~ 3 周。恢复期以疏通面部经络为主，多用针刺，配合拔罐，亦可用苇管器灸，每次 1 ~ 2 个艾炷，约 10 ~ 15 分钟，每日或隔日一次。

怎样用发泡法治疗面瘫

处方：大巴豆 3 枚（去壳），大斑蝥 3 个（去足翅），鲜生姜 6 克（去皮）。

方法：将诸药捣为泥状，均匀摊在 4cm×5cm 大小 6 ~ 8 层纱布上，药膏面积 2.5cm×2.5cm，以患侧下关穴为中心外敷后胶布固定。等 3 ~ 4 小时后去掉纱布及药膏，此时可出现水泡。按无菌操作方法，用注射器沿水泡下缘抽吸出液体，防止感染。观察 2 ~ 3 周，若不愈，可按上述方法重复 1 次，最多重复 2 次。

怎样应用埋藏法治疗面瘫

（1）埋药法

取穴：患侧阳白、太阳、颧髎、四白、睛明、瞳子髎、地仓、大迎、牵正、下关、颊车、翳风、人中。

处方：麝香 2g，全蝎 1.5g，白胡椒 1.5g，白花蛇 1g，蜈蚣 1 条。共研细末，装瓶备用。

方法：皮肤常规消毒后，医者捏起每穴的皮肤，在穴位上轻割成"x"型，并挤出少量血液，然后用伤湿止痛膏取药粉少许，贴于穴位，以手压实，每日按摩施术穴位 3 次。

（2）埋线法

取穴：太阳、阳白、牵正（耳垂下缘前 5 分处）。

方法：穴位消毒局麻后，将 0 ~ 3 号羊肠线 1cm 装入 9 号腰穿针尖内，刺入穴中。太阳穴向后斜刺，阳白向鱼腰平刺，牵正向前斜刺，均沿皮下刺入 1.5cm，待有针感时推入针芯，将肠线注入穴内。10 天 1 次，一般进行 3 次。

怎样用熏蒸法治疗面瘫

（1）方 1

处方：透骨草 45g，防风 30g，芥穗 30g，白酒 250ml。

方法：将上三味药共研细末，过 60 目筛，装瓶备用。第一次用45g，剩余 60g 分两次用。用时先将白酒倒入碗内，碗放在盛有水的锅内，文火烧至酒热，把药倒入碗内，并将中药粉与酒精搅动，患侧面部距锅面约 20cm，对准药酒碗，热气熏蒸，头面部及上胸部用被子覆盖，约 30 ~ 40 分钟，以上半身出透汗为止。治疗过程中，需定时向患者问话，以防虚脱。每日治疗 1 次，3 次为一疗程。心脏病及哮喘患者慎用。

（2）方 2

处方：巴豆 3 ~ 5 粒。

选穴：患侧劳宫。

方法：巴豆研细末，放入铝壶或玻璃瓶中，加 55% 酒精或烧酒 500ml，炖热，以面瘫侧手掌劳宫穴置于壶口上（或瓶口上）熏。每次 1 ~ 2 小时，重者可治疗 4 小时，每日一次，5 次为一疗程。治疗时，药渐凉可再加热。本法记载于《太平圣惠方》，有活血、通络、祛风之功效。

怎样应用塞鼻法治疗面瘫

（1）方 1

处方：川乌、川芎、乌附片各 3 g，细辛、草乌各 2 g。

方法：将上五药焙炒后，碾成粉末混匀，用洁净纱布包好，塞入患侧鼻内，时间为日晡阳明旺时（午后 3 ~ 5 小时）为宜，每 24

小时更换 1 次。如鼻内出现烧灼感或麻木时，可更换塞健侧鼻内，半月为一疗程。

（2）方 2

处方：鹅不食草 10 份，冰片 1 份。

方法：先将鹅不食草洗净，凉开水浸泡，使药透不尽，入冰片，共捣如稠膏状，同时取 2 层消毒纱布包裹上药，塞入病侧鼻孔，24 小时更换一次。

面瘫常用哪些理疗方法

面瘫的理疗方法在初期即可进行。常用方法如下。

（1）激光疗法

取穴：患侧阳白、下关、颊车、地仓；健侧合谷。

方法：用低功率氦—氖激光器加装聚焦镜头，波长 632.8nm，功率 0.6 ~ 3mW，距离 0.2 ~ 0.5cm，光斑 0.1 ~ 0.2cm^2，可穿透组织 10 ~ 15mm，每穴照射 5 分钟。隔日一次，12 次为一疗程。

（2）超短波理疗

采用国产五官超短波电疗机，功率40W，波长6μm，圆板状电极，直径8cm，介质间隙1cm，斜置于患者耳前及耳后乳突处，发微热量，每日一次，每次 15 分钟，12 次为一疗程。此种理疗可用于各型（风寒、风热）面瘫。

（3）神灯理疗

采用国产神灯（TDP），功率 250W，波长 2 ~ 25 μm，预热 30 分钟，垂直照射面神经区，距离 30 ~ 40cm，温热感即可，每日一次，每次 40 分钟，1 ~ 2 次一疗程。

TDP 能发出与人体发出的波峰相近的红外线，使之发出谐振，能减轻局部神经疼痛，增加肌肉血流量、糖原含量，减少肌蛋白消耗，提高机体免疫力，预防肌痉挛，加速损伤神经的恢复。本法尤其适于风寒型面瘫理疗，针灸时加用 TDP，疗效更佳。

（4）综合理疗法

先用五官超短波治疗机，经 40.68mHz，2 号圆电极于患侧耳前与茎乳孔区并置，间隙 1 ~ 2cm，微温量，15 分钟，每日 1 次，20 次一疗程；然后，用 KT-T 完全失神经治疗仪，脉冲电流，矩形波；脉宽 10 毫秒，频率 1 ~ 15Hz，三组电极分别置于阳白—太阳，牵正—地仓及双合谷穴，运动阈 20 分钟，每日 1 次，20 次一疗程，连续用 2 ~ 3 疗程，各疗程间隔 1 周。有人临床报道，此法疗效明显优于单一超短波理疗。

怎样确定面瘫电疗的部位

面神经核下瘫作局部电疗时，一极应置于患侧乳突前，另一极以面神经5个分支相应体表投影区放置，尤其电推拿和电兴奋治疗，阴极置乳突前下方，阳极可沿其分支投影区作平推治疗，眼轮匝肌和口轮匝肌处作环形或半环形推移治疗。

巴豆贴敷法可以治疗面瘫吗

巴豆，味辛性热，有毒，药理研究其含有巴豆油，对皮肤黏膜有强烈的刺激作用，服用20滴巴豆油，可使口腔及胃肠黏膜烧伤以致死亡。

外用巴豆油刺激皮肤发红，可迅速发展为脓疮，甚至坏死，此法属中医灸法之天灸疗法。具体方法简介如下。

（1）取巴豆、乳香、没药、蓖麻仁、冰片、麝香制成软膏，贴于患侧太阳穴，3天一次，一般1～5次，有效率达95%。

（2）取巴豆1粒（去油），斑蝥1只（去头足），麝香0.2g，川乌、草乌、白附子各0.5g，白芥子7粒，共研细末，洒于医用胶布上，贴患侧太阳、迎香、颊车和地仓穴，5～7天自行脱落，1～2次可愈。

（3）取巴豆（去皮）、斑蝥（去头足）各3个，鲜姜（去皮），共捣成糊状，调和均匀，涂于伤湿止痛膏或麝香虎骨膏上，外敷患侧牵正穴3～5小时，病程1个月以内者1～2次，2～3月者2～3次，4～6个月者，3～5次。病程6个月以上者，疗效不佳。局部起泡应预防感染。

鳝鱼血能够治面瘫吗

鳝鱼血治疗面瘫，《世医得效方》以"大鳝鱼一条，以针刺头上血，左斜涂右，右斜涂左，以平正即洗去"的治法，说明涂鳝鱼血是自古以来中医治疗面瘫的方法之一。

现代有人取鳝鱼血制成血膏，贴于患侧口角，3～5天换药1次，一般一次而愈。注意：复原则当将血膏揭去，不可矫枉过正。

直接涂血的方法如下。

（1）将鳝鱼血涂于患侧，30分钟后洗去；3天后再行第二次治疗。

（2）先用面粉加水，调搓成面条，做成圆圈形，置于患侧面部，用消毒针头在面圈内地仓穴划"+"字，渗血为度，最后，取鳝鱼一条，切头，使血滴于面圈内。2天后擦去，每隔2～5天一次。

一般认为：鳝鱼血活血搜风通络，涂于局部，干燥后，能牵引面部肌群，刺激神经，促进瘫痪肌恢复功能。

穴位贴敷治疗面瘫可以远道取穴贴敷吗

面瘫穴位贴敷疗法，除取面部穴位外，可远道取穴贴敷。一般采用脐或手心劳宫穴位。

如：河南以脐正散敷脐治面瘫，因脐部神阙穴皮肤浅薄，渗透性强，吸收快，对药物敏感度高。

又如：用桃仁、栀子各7枚，麝香0.3g，共研细末，白酒适量调膏，涂于手心，男左女右，外以胶布固定。

一般穴位贴敷治疗面瘫，由于药物有刺激作用，有的留下色素沉着，面瘫即使治愈，而留着的色素斑往往需半年至1年消退，有碍容貌；远道取穴贴敷就避免了残留面部色素斑之弊病，不失为一种好的治疗方法。

怎样应用芥末糊敷灸治面瘫

先用30%硼酸水（食盐亦可）含漱口腔后，于麻痹侧内牙合线上，相当于第2臼齿及其前后各0.3～0.5cm处选3个挑刺点，及此

3点上下各0.5~1cm左右平行线上各3点，由浅而深地每点啄挑刺10~30次，深度达黏膜下，挑刺后漱口。

然后，取芥末面20~30g，以温水适量调成糊状，摊于纱布（油纸）中央，厚约0.5cm，敷于患侧地仓、下关及颊车穴之间，胶布固定。

视患者面部感受情况，敷数小时到数天后取下。一次不愈，3周后行第二次治疗。如局部起泡，可按烫伤处理。本法不足之处是局部有色素沉着，但数天后可消退。

怎样运用闪罐法治疗面瘫

闪罐法是北京老中医曲祖贻发明的拔罐方法。传统拔罐是瘀血拔法，拔在面部，留有紫斑，有碍面容，尤其对演员、教师更带来工作不便。闪罐是用闪火法拔罐，拔住后，又立即取下，再迅速拔住，如此反复多次，直至皮肤潮红为度，即将瘀血拔法，改为充血拔法。

此法用于治面瘫，选用适于面部应用的口径大小的火罐（玻璃罐为好），于瘫痪局部或选穴位为中心（如额肌瘫可选阳白，鼻唇沟平坦可选四白，面部板滞选颧髎、下关等），连续闪罐治法，每日1次，一般4次，症状可减轻，一周（7次）额纹、鼻唇沟可开始恢复（或基本恢复），两周左右可治愈。

指针法加灸治疗面瘫怎样操作

指针法治疗面瘫可用于其他疗法半年以上仍有后遗症者。

取穴：主穴为太阳、四白、地仓；配穴为合谷、太冲。

操作如下。

患侧主穴扣揉混合术。

揉法：拇指（食指）指端着于穴位皮肤上行环形按揉，务使手指连同皮肤及皮下组织一起做圆形运动，平揉1小圆周为1次，每次40～60周，指尖不能离开穴位中心。

扣法：用手指扣按于穴位上，用指力按压皮肤及皮下组织深部，得气后逐渐减轻指力，每次扣2分钟。

配穴点按法：指尖对准穴位往下直按，用平补平泻法，用力均匀，每按一下，不要马上抬手，在原处多按一些时间。患侧为主，可左右交替施治，每穴1～2分钟，手法患侧重，健侧轻。

指针治疗时配合隔姜灸，选穴同上，指针后即时施灸。用鲜姜切成厚度0.2～0.3cm，面积大于艾炷底面的姜片，于姜片中央刺数个小孔，以透热，把蚕豆大艾炷，置于姜片上点燃，连灸4～6壮。若姜片烤干皱缩，或患者觉灼热时可更换姜片，务使温热透入皮肤，局部皮肤潮红。

指针加隔姜灸，每日一次，10 次一疗程，共治 3 个疗程。

"倒错"怎样治疗

中药当以养肝柔筋，汤剂可以一贯煎加赤芍、红花、鸡血藤、伸筋草等。针灸则取健侧地仓、颊车缪刺配四关穴，同时，用足三里、三阴交生血养肝，阳陵泉柔筋。局部于口腔内，患侧颊黏膜以铍针割治。

"联动症"怎样防治

联动症治疗较为困难，可在联动出现的通路上选穴。中医学认为：面瘫联动症属胃热引动于肝系所致。以经络的走向来看，与足阳明胃经起于目内眦循鼻外，入上齿中，还出夹口环唇及足厥阴肝经（从目系下颊里，环唇内）关系密切。

治疗时，可用地西泮穴位注射，闭眼时患者口角不自主上提者取患侧巨髎，进食反射性流泪取患侧颊车，兼有者两穴均取。方法：取地西泮注射液 2ml（10mg），皮肤常规消毒，直刺 0.3 ~ 0.5 寸，待针下有酸胀感后，回抽无血，将药液缓缓注入。每穴注入1ml（5mg），出针后令患者休息片刻，观察局部是否肿胀或面瘫是否加重，如出现以上现象可不作处理，3～4天能自行恢复。5天治疗一次，共治5次，有效可达90%，痊愈可达50%。

本疗法机制，除穴位与经络作用之外，与小剂量安定能使肌肉松弛有关。地西泮肌内注射吸收不规则，尤其注射于面部，其局部迅速肿胀，从而压迫周围者织，阻滞神经纤维再生长，详细机制有待深入研究。除此之外，传统方法以泻法针灸，亦可应用电针高频率治疗，然后配合按摩疗法。

怎样选择面瘫最佳治疗方案

（1）面瘫发生后如何就医。患了面瘫的患者，发病后不必着急，但应积极、尽早就医，以便为医生诊治创造良好时机，就诊是否及时直接关系到面瘫之预后好坏。

面瘫后就医，如当地医疗条件较好，则不应盲目就医，建议尽量选择较大医院、专科医院及有经验医生就医，推荐医生是中医（神经—针灸科医生，既懂神经科又专针灸科的医生）、神经科医生、耳鼻喉科医生。如没有以上专科医生，可以在内科、针灸科就诊。

但应注意，如一个月治疗无显效者，应立即转为上面专科医生诊治。

（2）面瘫治疗专科的选择。面瘫治疗方案的选择，首先要做出明确定位诊断，然后定性，分专科治疗。

①如属中枢性面瘫，应在神经科就诊，做神经科查体、光、电、化、CT、MRI 诊断，属于脑血管病或肿瘤或其他疾病，治疗其原发疾病为中心任务，面瘫的预后由其原发病决定。当然可以对症应用中医针灸疗法：头针取面运动区；体针取地仓、颊车、合谷、太冲等。

②如属周围性面瘫，也不能简单地称为面神经炎，亦当由神经科查体，以及其他光、电、化、CT、MRI 检查。

因为急性脊髓前角灰质炎、脑炎、进行性延髓性麻痹、先天性面神经核形成不全，可以引起面神经核病变出现周围性面瘫，其鉴别诊断见前面的论述。

因为脑血管病（出血、梗死）、肿瘤、炎症、多发性硬化症可以引起面神经髓内根段的病变，出现周围性面瘫，其要点是伴有病侧外展神经瘫，眼球运动障碍，或对侧偏瘫。

因为颅底动脉瘤、脑膜炎、颅底脑膜瘤及其他肿瘤、小脑脑桥角蛛网膜炎、听神经瘤，均可引起面神经髓外根段病变，引起周围性面瘫，其特点尚有其原发病的症状及舌前 2/3 味觉、泪、唾腺分泌减少症状。

以上多种疾病产生的周围性面瘫，均应到神经内科、脑外科、耳鼻喉科保守或手术治疗，在明确诊断基础上，可采用中西医结合治疗方案，急性期可配合针灸与中药，后遗症期可继续针灸、中药治疗，配合理疗。

因为岩骨骨折、面神经鞘瘤、颞骨肿瘤、中耳炎、胆脂瘤、膝状神经节疱疹、腮腺肿瘤、腮腺炎、面神经炎、产钳拉伤等，分别可以引起岩骨内段或茎乳突下段面神经病变，出现周围性面瘫。

其中除膝状神经节疱疹、面神经炎、面神经产钳损伤可以作为中医面瘫病证诊断，在中医科、针灸科用针灸、中西药物治疗外，其余的疾病均应在专科治疗，有些必须手术。

对以上各种情况的周围性面瘫，尤其是久治不愈，多方求医的难治面瘫，医生应重新耐心、细致地询问病史与检查，才有利于鉴别诊断，更正误诊。笔者近年经历过2例半年以上面瘫患者，一例由于重新询问发病历史及发病情况，疑是耳部疾患，转至耳科诊为胆质瘤，更正了面神经炎（面瘫）的诊断；另一例年龄在60岁的女患者，由于忽视了其瘫痪侧面肌水肿症状，没有深究其病因，贻误了其鼻咽癌本病的诊断时机，最终患者死亡。

面瘫怎样进行中医治疗

对西医诊为面神经炎及膝状神经节疱疹之周围性面瘫，中医诊断为面瘫病证，其治疗以针灸为主，配以中药、西药，其疗效较好，方案如下。

（1）急性期（初期）

针灸治疗：取风池、翳风、地仓、颊车、合谷、太冲、牵正等局部浅刺，以循经远取穴为主，一周后面部穴可以透刺。配合 TDP 于耳后乳突照射。

此期针灸时的要点是：针刺面部穴位宜浅不宜深；手法宜轻不宜重；局部穴宜补不宜泻；留针时患者不宜讲话。

中药治疗：牵正散口服 5g，每日 3 次，或汤剂辨证用方。

西药治疗：泼尼松口服，有血象高者配抗生素，淋巴分叶高者配抗病毒药物。

调护：急性期至少应休息一周，面部局部保暖防风，眼部用眼药水（膏）保护，预防感染。

（2）恢复期

针灸治疗：前方去风池、翳风。根据症状加用阳白、攒竹、鱼腰、太阳、四白、迎香、承浆、夹承浆等，可透刺，手法轻中有重。

配合 TDP、按摩治疗。

中药治疗：依症状、舌脉、辨证用方。

西药治疗：应用神经生长因子、营养剂，可用穴位注射法亦可口服。

（3）后遗症期

针灸治疗：用前方，可采用电针疗法，局部要对症，有针对性选穴，仍配以循经远处取穴。加大按摩力度及功能锻炼。

中药治疗：辨证用药，重在扶正、活血、化痰、通络。

西药治疗：仍可用神经生长因子及末梢神经营养剂。

一般急性期治疗要及时得当（不要过分），恢复期治疗要持续不间断，后遗症期要耐心细致（根据每一个症状耐心选穴和施用手法针刺），持之以恒，一般都能取得满意效果。

第5章

康复调养

三分治疗七分养，自我保健恢复早

面瘫怎样推拿治疗

（1）常用法

推拿治疗面瘫时，可以让患者仰卧在床上，医生坐在一旁。

①先用一指禅法推印堂、攒竹、鱼腰、丝竹空、迎香、地仓、下关、颊车等穴，往返3~5分钟。

②再用鱼际揉法，施于以上部位，以患侧作重点治疗。

③接着按晴明、四白、阳白、上关。3~5分钟。

④患部擦法，由眉上向下外方至耳前，再由地仓向外上方至耳前约3~5分钟。

⑤患者改坐位，医生站立其身后，以一指禅推法或揉法，取穴风池、天柱及项部，3~5分钟。

⑥拿法，取风池、合谷，3~5分钟。

（2）五线推拿法

①起于承浆穴→颊车→下关→头维穴。

②起于承浆穴→地仓→颧髎→瞳子髎→太阳→至头维穴。

③起于对侧迎香穴→人中→迎香→承泣→瞳子髎→太阳→至头维。

④起于对侧地仓→承浆→颊车→翳风→风池。

⑤起于对侧承泣穴→迎香→人中→迎香→颧髎→下关 →翳风穴
→止风池穴。

方法：用拇指沿患侧五条（①②③④⑤）穴位方向线，用直推和旋转推法交替治疗，速度不宜快，用力要以患者能耐受为度。用5分钟，上述方法可重复操作一次。每日治疗一次，每次30分钟，10次为一疗程。

（3）腧穴推拿法

取穴：印堂、阳白、睛明、四白、迎香、颧髎、下关、颊车、地仓、风池、合谷、足三里。

方法：医者用大拇指指端、罗纹面或偏峰着力于施治部位，沉肩、垂肘、悬腕，运用腕部的摆动灵活带动拇指关节屈伸活动，在经络及穴位上产生一种轻重交替、持续不断的作用力。令患者仰卧，医者立于患侧，以患侧颜面为主，健侧颜面为辅，用一指禅手法轻柔地自印堂、阳白、睛明、四白、迎香、颧髎、下关、颊车、地仓各穴位往返治疗15～20分钟之后，患者改坐位，医者立于后侧，以同法施于风池穴及颈部5分钟，最后，拿风池、合谷、足三里结束治疗。每日1次，10次为一疗程。

（4）穴位点推法

①一指禅推法。以一手拇指从睛明穴开始，沿眼眶上缘至太阳、

丝竹空、阳白、鱼腰、攒竹、迎香、地仓、承浆、颊车达下关穴，推至穴位时稍长些，如此反复，约 10 分钟。

②一指点按法。继上法后用食指或中指指腹沿推法路线穴位点按，并加点按健侧合谷，必要时加人中穴，约 3 分钟。

③一指震颤法。在上述穴位分别施以震颤约 3 分钟。

④一手揉抹法。医者一手拇指及示指在眼眶和唇上、下缘行抹法，在睑部施以力度适宜的揉法，约 5 分钟。全程点推手法 20～25 分钟，每日 1 次，12 次为一疗程。

（5）悬吊推按法

用大拇指从患者侧面部耳前推起，路经上关、下关、大迎、地仓、迎香、人中、承浆，向患侧对应部位推按数十次，然后，用麝香虎骨膏（或风湿止痛膏、狗皮膏等）将下垂肌肉向上悬吊，每日推按 1 次，15 天一疗程。

急性期用电针治面瘫注意什么

周围性面瘫急性期不用电针的理由，不外乎是怕电针使病情加重。这种顾虑不是没有理由的，因为急性期面神经正处在急性炎症水肿期，过强的刺激有加重神经损伤的可能。但此时若能给一个很弱的良性刺激，使神经产生兴奋，增强肌纤维的收缩，加速血液循环，增加新陈代谢，使炎症渗出物得到吸收，从而改善神经冲动的传递，促进神经纤维的再生，使支配肌肉收缩的神经功能得到恢复。

应用电针应筛选最佳波型，即疏密度、断续波两种。疏密波是一种等幅的调频波，其频率变化取决于调频信号，频率在每秒钟 5 ~ 50 次，疏密率每分钟 10 ~ 20 次，疏波 ≤ 4Hz，密波 ≥ 70Hz，而断续波是一定频率的等幅矩形波，时断时续形成的，频率每秒钟 0 ~ 50 次，周率 ≥ 70Hz，断续率每分钟 10 ~ 20。这样一个低频脉冲电流是完全符合神经肌肉生理学特征的，而这种电流的主要作用之一是能兴奋神经和肌肉组织，改善血液循环和营养，促进渗出物吸收，延迟病变肌肉的萎缩和变性。所以，面神经麻痹急性期应用电针是有科学依据的。

关于针刺的手法，一般要采取平刺，不宜过深，因为面神经较浅，阳白穴可透鱼腰穴，太阳穴可透向外眼角，下关透颊车，地仓透颊车，颧髎透迎香等。

对神经没有变性的，电流强度应以面肌可见微弱收缩为宜，有的电针时面肌不能产生收缩，应以患者不痛为限。

通电时间开始每组不超过 1 分钟，随病情好转可增至 2 分钟，决不允许看到面肌收缩很好就过长时间的通电，只要掌握这样刺激

强度和通电时间，是不会促使面神经变性的。

面瘫的预后如何

　　面瘫发生后，多长时间恢复，其后果如何，是患者急切关心的问题，医生对此应做到心中有数。一般地说，面瘫的预后，依靠电诊断（如面神经电图 ENoG）或综合评价方法较为准确。如果没有电诊断技术，可依据面瘫恢复的时间、麻痹程度及进展情况做面瘫预后的初步估计。

　　（1）麻痹开始恢复的时间指标

　　①在 10 天～3 周内开始恢复，除个别外将全部恢复。

　　②3 周后至 2 个月内开始恢复，多数将恢复良好。

　　③2～4 个月才出现恢复，表示恢复不良。

　　（2）麻痹程度及进展情况指标

　　①发病即为全麻痹，将有 50% 恢复不良。

　　②开始为部分麻痹并一直未发展成全麻痹，将全部恢复。

　　③开始为部分麻痹但发展成全麻痹，75% 将恢复不全。

面神经损伤程度对临床恢复有什么影响

面神经的病理损伤可分为 5 级（度），其损伤的程度决定了临床的自然恢复时间及恢复结果。

因贝尔麻痹及其他压迫性病变，可造成 1～3 度损伤，评定恢复情况至少随访半年。神经撕裂与横断损伤，如不行修复术，将造成 4～5 度结果，评定后两者损伤，至少随访 2 年。

贝尔面瘫的预后怎样

Peiterson 曾随诊观察了 1011 例无任何治疗的贝尔面瘫患者的全过程，发现性别、侧别患病数无统计学差别。其中，31% 为不全麻痹，另外有 54% 为全麻痹，多数起病后 3 周内开始减轻，其他 15% 的病例则在起病后 3 个月后开始恢复面部功能。并认为：这部分面瘫患者的神经内膜管有破坏，恢复后可能发生后遗症，如面肌功能不能完全恢复，面肌活动时有联动运动等。自然恢复的可能性，随年龄加大、发病过程中伴耳后疼痛（约半数病例）而减小，功能恢复较晚且后遗症加多。

第 6 章

预防保健

**身心锻炼都做到，远离疾病
活到老**

面瘫后怎样自我锻炼、按摩和理疗

面瘫后自我锻炼、按摩、理疗非常重要，主要为防止麻痹肌的萎缩及促进康复，一般认为，在发病 10 天 ~ 2 周时进行为好。具体做法如下。

（1）温湿毛巾热敷面部，以改善血循环，每天可进行 2 ~ 3 次。

（2）表情动作训练。对着镜子进行皱额、闭眼、吹口哨、示齿等运动，训练时按体操节奏进行，每个动作做二八呼或四八呼，每天进行 2 ~ 3 次。

（3）自我按摩。可按照健侧肌运动方向按摩患侧，因面肌非常薄，按摩用力应柔软、适度、持续、稳重，每日早晚各进行一次为宜。

（4）低频电疗。因电刺激能引起麻痹的面肌收缩，改善血循环，刺激血管运动神经，防止麻痹肌萎缩，故可购买各种电理疗机（仪）进行自我电疗，在前额、眼、鼻的周围用时强时弱的电流刺激，时间为 700 ~ 1000 毫秒，停止 3000 毫秒，每次通电 5 ~ 10 分钟。每天进行 1 次为宜。

注意，早期进行电疗法能引起面肌痉挛，最好于发病 2 周后进行；同时，注意一旦麻痹恢复运动，即应终止电理疗，否则也可引起面肌痉挛。

嘱患者勿用冷水洗脸，风、雨、寒冷天外出应加强防护。

怎样进行面神经麻痹患者心理护理

（1）劝解安慰，稳定患者的情绪。颜面神经麻痹大多数患者突然起病，主要症状是：表情肌松缓不收，前额及眉间皱纹消失，眼裂闭合不全，迎风流泪，鼻唇沟变平，口角向健侧歪斜，鼓腮时患侧口角漏气，咀嚼咬腮，唇颊沟积食，口角流涎。个别女性患者照镜时，发现自己的面容变丑陋，害怕见人。多数前来就诊的患者有情绪的变化，有的产生焦虑、恐惧、忧郁的情感，有的心情紧张、激动，有的患者担心治不好而留下后遗症而唉声叹气，内心充满苦恼。

根据患者不良的心理特征，对患者耐心解释、安慰、同情、关心，缓解患者紧张的心理状态，稳定患者的情绪，克服焦虑、忧郁感。并告知患者，如在患病期间心理上处于焦虑、紧张的状态，可以导致体内病理生理的变化，促使病情发展。中医学认为，良好的心理状态能提高针刺的疗效，在针刺治疗时要观察患者的精神状态，使患者能保持镇定的情绪，密切配合治疗，获得适宜的针感，提高针刺的疗效。如果患者在焦虑、消极、紧张和不配合的情况下，就不能充分地发挥针刺的作用，影响针刺的疗效。

（2）启发疏导患者，以促进疾病的康复。不同年龄、文化程度的患者，对颜面神经麻痹有不同程度的心理表现，有的对治疗充满信心，有的对治疗失去信心而产生悲观失望的情绪，有的怀疑自己患了此病是中了邪，用针刺不能治好病，甚至想放弃治疗。针对患者不良的心理表现，耐心向病人解释，颜面神经麻痹是由于筋脉空虚，经脉受阻，血气运行不通畅而致，也是面部经脉失去濡养所致，用针刺治疗可疏通经络及配用中西药物治疗，只要患者保持良好的心理状态，稳定的情绪，坚持治疗，面部的功能会恢复正常，一般不会留下后遗症。并正确运用"语言"对患者进行启发疏导，使患者消除顾虑，克服内心忧郁、苦闷和紧张，增强了战胜疾病的信心，促进疾病的康复。

（3）鼓励患者提高自护的能力在急性期，应注意休息，不可过度劳累。

治疗期间，鼓励患者合理安排好工作、学习、生活、休息，调整饮食，避免情志的激动和不良因素的刺激。指导患者掌握一些家庭康复自护的常识。如按摩面部松弛的皮肤，叩齿，鼓腮，皱眉，用中药煎水热敷面部，避免直接吹风，寒冷天气出门戴眼镜、口罩，避免感冒，对年龄较小的患者，还要做好患者家属的工作，以达到配合治疗的目的。